JN065846

トチノキの花序（円錐花序）

トチノキの葉

トチノキの花

結実した栃の実

たくさんの実をつけた花序

地面に落ちた栃の実

幼い実は生理落下で多くが落下する

太田の大トチノキ（石川県白山市）

光明寺のトチノキ（京都府綾部市）

赤岩の大トチ（長野県長野市）

赤崩沢のトチノキ（長野県飯田市）

岩谷のトチノキ（福井県南越前町）

脇谷の大トチ（富山県南砺市）

V字谷に見られるトチノキ巨木林（滋賀県高島市朽木）

下打波のトチノキ林（福井県大野市）

論田山のトチノキ林（富山県富山市）

芦生のトチノキ林（京都府美山町）

矢ノ川峠のトチノキ林（三重県尾鷲市）

十分アクが抜けた実

滋賀県東近江市・高野神社の野神神事で供えられる栃の実

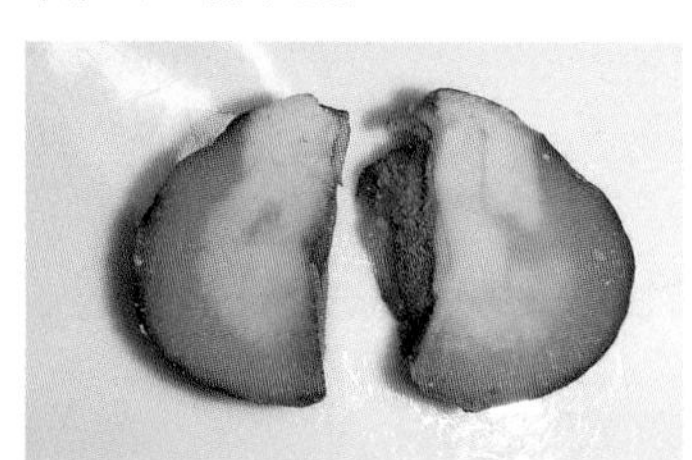

アク抜きの不十分な実

栃餅

滋賀県高島市朽木中牧のトチノキ林を訪れた朽木西小学校の児童たち

びわ湖の森の生き物 7

トチノキは残った

―山里の恵みの自然史と暮らし―

青木 繁

サンライズ出版

はじめに

琵琶湖は滋賀県の面積の6分の1にあたることはよく知られている。だが、森林の面積が約半分を占めることは、どちらかというと余り知られていない。琵琶湖の真ん中から周りを眺めてみると、どこにいても山が見え山に取り囲まれていることがわかる。とはいえ、日ごろ山や森のことは余り意識することがない。

2018年（平成30）7月上旬、西日本を豪雨が襲った。県内も湖西を中心に多くの雨が降った。雨がやんだ直後琵琶湖に行ってみた。いつもなら湖岸近くまで行ける道が、水につかり琵琶湖の一部になっていた。この時、琵琶湖の水位が77cm上昇したというが、最近、このようなことはなかった。この時、瀬田川洗堰（あらいぜき）は全開され、水位のこれ以上の上昇を避けるため、下流への放流が行われた。その後降雨が収まり、順調に放流が続けられ水位の上昇はなかった。ところが、普段なら4日程度で平常水位に戻るところが、この時は2週間ほどかかったという。実は、その後も川の水はいつも以上の水を下流に流し続けた。「森は緑のダム」と言われるが、一時森に蓄えられていた水が時間をかけて川に流れ込んだと考えられる。降った雨が一気に琵琶湖に流れ込んでいたら、もっと水位が上昇していたかもしれない。琵琶湖周辺の森が文字どおり「緑のダム」の役割を果たしたことがわかる。この時ほど、琵琶湖を取り巻く森の存在を強く意識したことはない。

琵琶湖の源流には、さまざまな樹木が生い茂り、豊かな森林が形成される。その中に、長浜市余（よ）

余呉ブナ原生林

呉町奥川並の奥に胸高周囲5m近いブナが生育する森がある。白山から続く両白山系の西端にあたる森で、ほぼ原生的な状態で残された貴重なブナ原生林である。

しかし、一旦周りに目を向けると、周辺はブナの二次林となり人の手が入った森が広がる。かつて琵琶湖の源流には立派なブナの森が広がっていた。ここは、奥山が時代の変化にともなう伐採の波に飲み込まれる中、搬出困難地だったことなどから残った森だと考えられる。

昭和30年代、急速に戦後復興する中、パルプの需要が回復し、それまで主流だったエゾマツやトドマツなどの針葉樹にかわって注目されだしたのがブナなどの広葉樹である。戦争が終わり、それまでパルプ材搬出の中心拠点だった北海道や樺太などからの供給が後退すると、本土産樹木の役割が増し奥山のブナなど広葉樹に注目が集まった。私が教師になって間もない頃、余呉でブナの巨木が道路脇に野積みされていたことは記憶の中にある。その時見たブナはパルプの原料で、当時敦賀（福井県）で操業していた製紙会社に運ばれ加工されていたそうだ。その後、原料の調達先は海外へと移行し、日本国内でのブナなど広葉樹の伐採は終了する。ところが今度は、拡大造林による伐採が始まり、広大な伐採跡地がいたるところに出現し、その跡にはスギやヒノキが植えられていった。あれから、半世紀、山はいたるところが針葉樹の森となり、

伐採地の様子（昭和50年代）

さらに山村では過疎化の進行とともに、放棄された水田まで水田造林の名のもとに植林が進み、谷の奥深くまでスギの森となっていった。

「山に木がない。木はあるが、昔のような森がない」——なんとなくそう感じながら、今まで森歩きをしてきた。「びわ湖の森がたどった道」を見つける森歩きがこの時から始まった。

そんな中、安曇（あど）川源流でトチノキの巨木がたくさん確認された。谷を分け入り、V字谷を上流へと遡（さかのぼ）ると、斜面にへばりつくようにトチノキが群生し、渓谷沿いにトチノキの巨木林が見られる。そして、大概、源頭近くの少し土砂が堆積（たいせき）した緩やかな斜面の下部に、ひときわ大きなトチノキがある。この森は、少しだけカツラやサワグルミをともなうものの、多くは、トチノキの巨木からなる「トチノキ巨木林」である。調査を始めて1年もしないうちに、たくさんのトチノキ巨木が確認された。巨木の数20本以上の谷も、1カ所や2カ所ではない。若齢木（じゃくれいぼく）まで含めると数十本にもなるトチノキの谷も見つかったのである。谷沿いの水田造林のその奥に広がるこれらの森は、つい最近まで地域の人たちが栃の実を拾い、地域とともに時間を重ねてきた森である。ところが、世の中が高度経済成長するなか、入り口がスギで目隠しされると、いつしか、人々の暮らしからも遠ざかっていった。

トチノキは人々の暮らしと強く結びついた樹木である。栃の実を食べながら命をつないできた歴史も深い。しかし、今まで、滋賀県でトチノキが話題になることはほとんどなかった。それだけ、人々との距離が開いていた。ところが、思いがけないことでにわかに注目を浴びることになった。すると、トチノキからいろいろなことが見えてきた。トチノキの果たしてきた役割や素晴らしさ、そして、時代を超えて自然を活かし自然に生かされる暮らしぶりの大切さが少しずつ見えてきた。

目次

第3章 トチノキ調査と保全活動

第4章　トチノキと暮らし

第1章　トチノキとの出会いから伐採まで

1. トチノキとの出会い

私は、１９７９年（昭和54）、当時勤務していた滋賀県草津市の学校から高島郡朽木村（当時）へと転勤を希望し、朽木西小学校に赴任した。滋賀県内で唯一の村だった朽木村の中でも、安曇川の源流域にあたる地域で、針畑地域と呼ばれているところである。赴任した当時、児童数23名、２つの分校を抱える極僻地の学校であった。教師になってまだ日の浅い２年間、この地域で暮らしたことが、トチノキとの関わりの始まりである。

教師になる前にも朽木を訪れたことはあったが、いざ、地域の中にすっぽりと身を横たえると、外からでは見ることのできない歴史や暮らしの奥深さが見えてくる。例えば、当時山菜ブームといったものはなく、山菜を食べることは一般的ではなかったが、この地域では日々の食卓の中で山菜をよく利用していた。ある日、ネギぬたをご馳走になった。味はネギそっくりだが、ネギにしては細すぎる。尋ねてみると、ヒンネギだと言う。ヒンネギはこの地域の呼び名で、ノビルが標準の名前だが、春先はよく食べられていた。干したリョウブの葉を混ぜたリョウブ飯は、最近はちょっと粋な料理店のメニューにも利用される。同じような食べ方でマエビごはんもおいしかった。マエ

本書の主な舞台

ビは低木のマユミのことで、新芽をご飯に混ぜて食べる。同様にウコギめしなどというものもある。地域の食材を活かした、食の豊かさに感心する人もあるかもしれないが、これらは米の消費を抑え増量するため長年行われてきた生活の知恵である。

栃餅を初めて食べたのも、朽木西小学校に勤務していた時である。

植林地の中のトチノキ

「口に合うかわからんけど」と勧められた栃ぜんざいの味は、今までに経験したことのない味だったが、「おいしい」と思った。40年以上も前の話である。今は、道の駅などで地域の特産品としてよく販売されているが、これも高度経済成長の中で、どんどん廃れ、この頃、実際に作るところはとても珍しかった。朽木でも針畑地域などごくわずかな地域で、寒の頃に家庭で作られていただけで、一般に出回ることはなかった。

栃の実は米の収穫量が少ない山村地域における節米のための増量材で、食べ物の中でも「粗末な物」としてとらえられていた。食料事情が悪かった頃は米と等量か、それ以上の栃の実を入れて食べることもあったという。とはいえ、「栃1升、米1升」の言い伝えがあるように、山村地域では、米1升の値打ちがあるとの意味もあり、価値の高い木の実の一つでもあった。針畑地区では気候が冷涼なため、大豆が実らない。そこで、下流の人に大豆と交換してもらい、味噌を作ったという。自然物が、物々交換にも役立てられたというのは、栃の実の価値の高さを表す。

トチノキは、北は北海道から南は九州まで分布し、巨木もたくさんある。しかしそれらは奥山だけでなく、集落からさほど遠くない里山にもある。山間の地域では、集落近くの裏山にトチノキの群生地が残るところがたくさんある。巨木や巨木林は、むしろこのようなところに多い。周りが薪炭林として利用される中、トチノキだけは伐らずに残されている。また、植林地の中にもトチノキの巨木を見ることがあるが、分集契約をしてもトチノキの所有権はそのまま残したことによる。

広島に、トチノキのことを「福木」「恩木」と呼ぶ地域がある。食べるものに困った時、栃の実で飢えを凌いだこともあり、「命を救ってくれた木」ということからこう呼ばれる。

食べ物がない時、栃の実を食べたという言い伝えは全国にたくさんある。一方、「時代が時代だったからな……」と、トチノキを伐ったことを悔やむ声もよく聞く。かつて、トチノキのことを、「谷ふさぎ」「山ふさぎ」などと言ったことがある。戦後、拡大造林が進む中、植林の障害となることから生まれた言葉である。樹冠直径が20～30mにもなる巨木となると、1本の木が占める面積はかなり広く、トチノキ1本を伐ればスギなどなら、20～30本も植林可能である。根元に廃油をまい

トチの実

て枯らしたなどという話も聞いた。ただ、このような出来事は、戦後の高度経済成長期における拡大造林が盛んだった時の話で、トチノキを伐って植林をしたのは朽木に限ったことではない。

植物が人々の暮らしにかかわりのあることは当然のことだが、トチノキほど多様にかかわっているものはそうほかには見当たらない。実は食料として、材は椀や鉢や盆などの生活用具に加工された。

建築材の利用は限定的ではあるが、岐阜県揖斐郡春日村（現、揖斐川町）の民家で、天井板や鴨居に栃材が利用されていたのは特に印象深く心に残る。また、巨木になることから、臼や太鼓にも使われ、木挽きによって伐り出された板は、座敷机や衝立とされた。また、花からは蜜が採取され、樹皮は染めや皮のなめしにも利用された。さらに、抽出された液は医薬品や化粧品としての利用も進むなど、実に幅広く利用される。さらにトチノキは琵琶湖源流域に多いことから、琵琶湖の環境や人の暮らしとのかかわりも大きいが、当時の社会情勢からはなかなか目が向けられない状況でもあった。

岐阜県揖斐町春日小寺氏宅のトチノキ鴨居

２０１０年頃に起こったトチノキの伐採は、下流にすむ人たちにも大きな衝撃となった。上流から下流へ、山間から都市へと人も物も流れる中、上流域の人や自然、暮らしに目を向けるきっかけとなった。トチノキは非常に長寿命な木で、伐らなければ数百年は生きる。それだけに、人や自然に与えてきた影響も大きく長く続く。

2. 朽木で樹齢500年のトチノキが見つかる

よくぞ500年

幹回り7メートル

高さは40メートル

県内最大のトチノキ

標高400メートル、朽木村で確認

「平良の大トチ」を報じた1996年6月13日付け朝日新聞滋賀版

「県内最大のトチノキ」「よくぞ500年」、新聞の記事の見出しである。1996年（平成8）6月13日、高島郡朽木村平良（へら）（現、滋賀県高島市朽木平良）のトチノキが新聞に取り上げられた。平良の山中に生育する巨木で、昔から地元の人が栃の実を拾い、栃餅つくりに利用していた木である。

地域の人から「うちの山に大きなトチノキがあるが、一度見てみんか」と誘いを受け、見に行った最初のトチノキの巨木がこれである。それまでにも、生杉ブナ林で大きなトチノキは見ていたが、さすがにこのトチノキには驚いた。すぐに人を案内し、紙面を飾ることになった。

その後もトチノキが新聞紙上に登場する。「県下最大のトチノキ確認」。2010年（平成22）10月、安曇川源流の森で確認されたトチノキの巨木は、幹の周りが7mを超える、実に堂々とした姿で、源流の森でひときわ大きくそびえていた。「大トチ」、そんな呼び名にふさわしい巨木で、発見以来自生地の地名をとって、「能家の大トチ」と呼んでいる。久しぶりのトチノキの巨木発見に、少しずつ世の中の注目が集まりだす。

大トチは、安曇川の支流である北川の上流のさらに源頭に近い所に生育する。今では、戸数わずか数軒となってしまった集落から直線距離にすればわずか1・5㎞ほどの距離である。この地域は、私がまだ若い頃朽木西小学校の能家分校に赴任し、すばらしい自然と豊かな地域の人々の人情に触れながら、感動の日々をすごした場所でもある。北川に沿ったわずかな平地に農地が広がり、川に注ぎ込むいくつもの谷がさらに枝谷を分かち、入り組んだ谷地形をつくる。トチノキは、谷に多い樹である。地元では、「水の流れの聞こえないところには生えない」と言われ、多くは、V字谷の両斜面にへばりつくように生育する。当時も、能家集落近くの地蔵谷や熊の谷には、トチノキが自生していた。サケビ谷には、とちもち谷という谷があり、多くの巨木が林立していたのを覚えている。

能家の大トチ（滋賀県高島市朽木能家）

さらに、その後も滋賀県内でトチノキ巨木の確認が舞台を変えながら続く。余呉町奥川並では、胸高周囲9・80mと全国でも最大級とされる9mを超えるトチノキが見つかっている。

3．思いもしなかったトチノキの伐採

2010年（平成22）、にわかにトチノキに注目が集まる。朽木平良で巨木（前述の巨木）が見つかった時、まさかこれよりも大きなトチノキがあるとは考えもしなかった。とは言え、地元の人たちは、昔から栃の実を拾った大きな木のことは記憶の片隅に残している。ただ、ほとんど、そんな話は日常の会話からは消え去っていた。それだけ、時間が経ってしまった。ところが今回、トチノキに注目が集まったのは、伐採がきっかけである。

滋賀県高島市朽木でトチノキの伐採が確認され出したのは、2009年頃からで、登山をする人たちや猟師の人たちから、「ぽかんと穴のあいたような空間や伐り倒され搬出を待つばかりにロープを取りつけられたトチノキを見た」という情報がぽつりぽつりと聞こえてきた。その後、岐阜県の木材市場でトチノキが売り出されているとの情報が入る。全国から集まる銘木

木材市場のトチノキ

が並ぶ中、そのほとんどが高島市朽木産であった。いずれも木口の直径が1mを越すものばかりで、トチノキ巨木数十本分に相当する量であった。全国的に、ケヤキの供給量が減る中、トチノキへの注目度が増し、市場価格の高騰がトチノキへの伐採圧を強めたと思われる。

それ以外にも伐採の背景は複雑である。朽木地域の人口は50年前と比較してみると、10分の1になるところもある。中でも、トチノキが自生する針畑川や北川流域が顕著で、今も、人口減少の傾向は止まらない。社会構造の変化と生活の変化は、人口の都市への流出をもたらし、地域離れ山離れを引き起こした。その結果、山への関心が薄れ、外からの誘いにももろくなる。さらに、グローバル化の進行により、世界中の安い木材が市場に流入し、木材価格の低迷を引き起こすという構造的な問題も重なり、地域の生活基盤をなす林業が立ち行かなくなり、山や木を手放すことにもつながる。

また、鉄塔建設などの仕事の減少で搬出に使うヘリコプターの借り上げ料が下がり、銘木と言われる木材は市場価格が急騰（きゅうとう）したため収益性が増し、伐採に弾みがついたことも背景にある。

4. 伐採をきっかけに見えてくるもの

朽木にトチノキがあることはよく知られている。朽木の山々に拓かれた峠道にもトチノキが自生し、ガイドブックなどでもよく紹介されてきた。中でもサケビ越えは、高島市朽木雲洞谷（うとだに）と桑原（くわはら）とを結ぶ峠越えの道である。安曇川の支流、北川（きた）を横切り、しばらく谷沿いに進むと分岐があり、右

「とちもち谷」の伐採地

手に行くと「とちもち谷」である。「とちもち谷」という名前もさることながら、薄暗い谷沿いの道にはトチノキがたくさん自生していた。とりわけ大きな木が登山道沿いにあり、サケビ越えのシンボルとなっていた。朽木の山に足しげく通っていた頃、特別トチノキに強い関心があったというわけではなかったが、とちもち谷の名前とともに、サケビ越えから小川(こがわ)に抜ける谷に生育していたトチノキのある風景が思い出される。

今から思うと、トチノキがあれほどまでに群生していたことに特別な関心を持たなかったことを後悔し、今もよく似た光景を見るたび、トチノキの巨木が谷を埋め尽くすように生育していたことにもっと興味を持つべきだったと悔やまれる。

栃ノ木谷、栃ノ木峠、栃原(とちはら)、栃平(とちだいら)などトチノキの名のつく地名は全国にたくさんある。いず

滋賀県高島市のV字谷に生育するトチノキ

れも、トチノキと暮らしとのかかわりから生まれた地名であることが多い。栃原や栃平は、トチノキがたくさんあり、栃の実が拾いやすい少し平坦（へいたん）なところにつけられる。暮らしとの結びつきの中で生まれた名称の中でも、「とちもち谷」は生活感があって親しみの湧く名前である。数百年の間、毎年秋になると実を拾い栃餅を作っていた。そんな、人々の暮らしぶりが目に浮かぶ。

トチノキの役割は、単に実の利用だけに留まらない。最近、山を歩いていて、渓谷の崩壊が目につくようになってきた。地球をとりまく気象の変化が大きく、単純に今と昔を比較できないかもしれないが、荒れた谷が多いと感じる。もちろん、目に見える形での自然の変化は、数年、数十年、さらにそれ以上かけて起こる。簡単に原因の特定などできないかもしれないが、人と自然とが均衡をなくした森や谷はいずれ崩壊してもおかしくない。V字谷の斜面にへばりつくように生育する大きなトチノキを見たとき、奇跡的ともいえる生命力に体が震えた。

特に雪深い朽木では、冬、斜面をずり落ちる雪が植物を引きずりおろす。1本の木が斜面に定着するまでには、数知れないトチノキの挑戦があったに違いない。いずれにしても、谷部の安定と均衡は気の遠くなるほどの時間がかかる。

トチノキに限らず身の回りの森は、人々の日々の営みを通して役割が生まれ、森との暮らしが長く継続することで均衡も生まれる。琵琶湖の源流に生育するトチノキを前にすると、この均衡を続けることの大切さを痛感する。トチノキの伐採をきっかけに、自然や森との関わり方、長い時間をかけて作り上げてきた自然とともに生きる暮らしぶりの大切さなど、これからの時代を生きる新たな道しるべが見えてきた。

第2章　トチノキの自然史

1. トチノキってどんな木？

フランス語のマロニエ（Marronnier）という言葉を聞いたことのある人は多いかもしれない。マロニエは地中海に面したバルカン半島南部のギリシャからトルコ原産の樹木の名前で、古くからヨーロッパ各地で広く街路樹として植えられる。マロニエは和名をセイヨウトチノキと言い、トチノキとは同じ仲間である。

英語名は「Chestnut（チェスナット）」で、イギリスには「Chestnut Sunday（マロニエの日曜日）」という言葉があり、花が咲く時期になると野外での行楽を楽しむ習慣があるという。

日本でも、「マロニエ通り」と言った道を時々見かける。ヨーロッパの風景にあやかろうとするのだろうか。ただ、「マロニエ通り」「マロニエ並木」と呼ばれるものの多くはマロニエ（セイヨウトチノキ）ではなくトチノキである。

そもそもマロニエとトチノキを、同じものだと思っている人も多いかもしれないが、両者は梨皮（なしがわ）にある突起や葉の鋸歯（きょし）が異なり、マロニエの実にはとげ状の目立った突起と葉には重鋸歯がある。

マロニエの葉

マロニエの実

マロニエはマロン（クリ）に由来し、マロングラッセはマロニエの実を使ったとされるが、異論もある。

トチノキ（*Aesculus turbinate* BLUME）はムクロジ科トチノキ属の落葉高木で、樹高約30m、直径2mほどにもなる。自然樹形は、樹高と同等かそれ以上に横枝を広げた広楕円状で、太い横枝が特徴。谷沿いを好み、ブナ帯の渓畔林の構成種の一つである。日本には、トチノキに混じって葉の裏や裏面脈上に細い毛の生えるケトチノキ（*Aesculus turbinate* BLUME forma.*pubescens* OHWI）が分布する。

トチノキ

世界のトチノキ属には、ヨーロッパにセイヨウトチノキ（*Aesculus hippocastanum* LINNAEUS）＝マロニエ、中国にシナトチノキ（*Aesculus chinese* BUNGE）、北アメリカにアカバナトチノキ（*Aesculus pavia* LINNAEUS）、インドにインドトチノキ（*Aesculus indica* HOKER）など北半球を中心にトチノキ属が13～24種知られている（日本樹木誌：日本樹木誌編集委員会）。ベニバナトチノキは、アカバナトチノキとセイヨウトチノキの交配種で、花つきもよく紅色をした鮮やかな

東京・霞が関のトチノキ並木

花を枝いっぱいにつけることから、最近は公園などにもよく植えられる。

さて、トチノキはブナの生育するような地域であれば、谷沿いを探せば比較的よく見かける樹木だが、明治時代以降、公園樹、街路樹としての利用が盛んになり、各地に植栽されたものも立派に育っている。東京の桜田門から霞が関二丁目にかけての道路沿いや栃木県庁から市役所にかけての通りには、トチノキの巨木が続く立派なトチノキ並木が見られる。

花の開花は5月の中下旬で、100～500個ほどの小花からなる大きな円錐花序をつける。樹冠の枝先に多くの花をつけることから、遠目にも開花を知ることができ、空に向かって立ち上がった白い花の様子から、子どもたちは「シャンデリア」とか、「ソフトクリーム」と言ったりする。

先にも述べたが街路樹にもよく使われ比較的馴染みのある木だが、町中のものは伸びた枝を切り落とす強剪定が施されることも多く、花を咲かせる木が少ない。また、500個もある小花のほとんどは雌蕊が退化した雄花である。そんな中に、雄蕊とともに長く突き出した雌蕊を持つ両性花が見られる。多くは円錐花序の中ほどより下につく。実生からだと花が咲くまで20年前後かかり、若齢の木では両性花が少なく、ほとんどが実のできない雄花である。トチノキの花が咲く時期にな

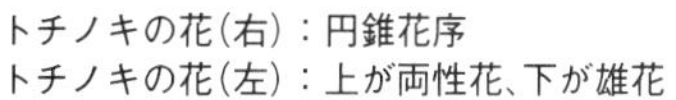
トチノキの花(右)：円錐花序
トチノキの花(左)：上が両性花、下が雄花

トチノキの葉

ケトチノキの裏面の毛

トチノキの皮と実（種子）

ると、自生地周辺に西洋ミツバチの巣箱が置かれることがあり、花からはたくさんの蜜が採れる。

葉は非常に特徴的で「天狗の葉団扇」とも形容され、掌を精一杯ひろげたような、掌状複葉である。中国名は「七葉樹」で、3～7枚（時に9枚）つく葉の特徴から名づけられた。

枝先に開いた葉は対生で、外に大きなものが、中にいくにしたがって小さく小葉の数の少ないものがつく。葉の重なりを避け、光を効率よく受ける仕組みである。葉は画用紙に収まりきらないほどの大きさで、稀に9枚の小葉からなる巨大な葉をつけるものもある。秋には、鮮やかな褐葉（褐色の葉）となり、源流の秋を彩る。さらに落葉を迎えた時期にトチノキ林を歩くと、あたり一面がトチノキの葉で覆いつくされる。身近にトチノキが生育する地域では、葉の利用も盛んで、物を包んだり、覆ったり（ラップのような利用）、各地でその利用は多様である。

実の利用は縄文時代中期にも遡る。栗の実（種子）はイガに包まれるが、トチノキもしっかりとした皮に包まれる。中には、丸くつやのあるクリに似た実が1～数個できる。ただ、多量のでんぷんを含むが、サポニンなどの有害物質があることから、水さら

トチノキの実とヤマナシの実

しや灰による中和が必要である。

皮は「梨皮」と呼ばれ、一見、ナシに似ていて、よく見ないと間違えそうだ。時に、トチノキとヤマナシが同じところに落ちていることがある。あまりにもよく似ていて、命名の妙に感心する。実（梨皮つき）は、時には握りこぶし大となるものがあり、まるで長十郎梨だ。

トチノキが最も注目されるのは、やはり実の落下する時期かもしれない。昔から、立春（2月4日頃）から数えて２１０日から２０日になると実が落ちると言われている。雑節の１つ「二百十日（にひゃくとおか）」と言えば、まだ、夏の終わりで、クリよりも1カ月ほど早い落下である。実が落ち出すと次々と落下し、1～2週間でほぼすべてが落下する。昔から、人々は実を拾い、アク抜きをして餅や粥（かゆ）にして食べた。保存食としての価値も高く、気象条件の厳しい山間部や飢饉（ききん）の時には救荒食としても利用されてきた。

材は、道具、用材、燃料など、利用の歴史は古く、縄文遺跡から生活用具が出土する。おびただしい木製品が出土した福井県三方五湖（みかたごこ）の鳥浜（とりはま）貝塚遺跡では、出土したさまざまな木製品の中に、

トチノキ材の家具（高島市朽木古家　榎本氏所有）

トチノキの椀や鉢などがふくまれていた。

木工を生業とする木地師は山の木を求めて山々を巡り歩いた。椀や鉢などの材料として、加工しやすく良材が入手しやすいトチノキは、木地師にとって大切な山の資源だった。里では村人が栃の実を拾い、奥山のトチノキは木地師が利用する。うまく棲み分けながら、トチノキは利用されてきた。また、大きな材を活かして、太鼓、臼などの加工もよく目にする。

先にも述べたように、建築材としては、柔らかく腐りやすいことから、柱などの構造材としての利用はなく、鴨居や天井、腰板（室内の壁の下部に張る板）などに使われた。さらに、老樹や巨木には独特の杢が出ることから工芸品などの利用も多く、座敷机、衝立、家具などが盛んに作られた。最近は、高級感のある内装材として、住宅素材メーカーで製品化が進んでいる。

現在、巨木日本一は、胸高周囲が13mほどある

日本一の巨木「太田の大トチノキ」を訪れた筆者（石川県白山市）

石川県白山市白峰の「太田の大トチノキ」である。さすがに巨木で、根元に立つと大きな壁が迫ってくるようだ。スギやヒノキなどの針葉樹に比べると比較的寿命の短い広葉樹の中にあって、トチノキは長寿命な木で、全国には多くの巨木がある。幹回りが10ｍを超す巨木が7本ほど知られている。ただ、多くは傷みが激しく幹が大きく朽ちていたり、大枝が枯れ落ちるなど衰弱が目立つ。太田の大トチノキも、幹には大きな洞ができ、横に伸びる枝々には支えが施されている。京都府綾部市にある「光明寺のトチノキ」も、谷から見ると貫禄のある木だが、反対側は大きく朽ちて洞となる。また、かつて、全国有数の巨木とされた国指定天然記念物の富山県東礪波郡利賀村（現、南砺市）の「利賀の大トチ」はすでに枯死して、1998（平成10）に指定解除となった。

非持の巨橡（長野県長谷村〈現、伊那市〉、1954年撮影）

さらに、今はもう写真でしか見ることができないが、長野県上伊那郡長谷村非持（現、伊那市長谷非持）には、「太田の大トチノキ」を凌ぐ巨木があったとされる。「非持の巨橡」と呼ばれていた木で、1926（大正15）の調査で目通りの太さ13・33ｍとある。1979（昭和54）の台風16号で倒壊し、跡地には石碑が建つ。

花から実、葉、材まで、「利用できないところはない」というのがトチノキで、世の中に有用樹と言われる樹はたくさんあるが、これほどまでに利用の幅の広い木は、トチノキの他にはあまりなさそうだ。とは言え、一般的にはあまり知られていない。ましてや、「見たことがある。はっきりと識別できる」と言う人は意外と少ない。

2. 分布の概要

トチノキは、北は北海道南部から南は九州の宮崎県高千穂（南限）まで、全国に広く分布する。ただ、分布の中心は東日本で、東北地方、関東地方、中部地方を中心にほぼ連続した分布が見られる。一方、西日本では、近畿地方、中国・四国地方に生育地が見られるが、ブナ帯を中心に飛び地状の分布で、九州では稀である。

また、本州から離れた離島においては、佐渡島（新潟県）に自生があり巨木も多い。隠岐（島根県）には植えられたものはあるが、自生は今のところ見つかっていない。

近畿では、滋賀県から京都府にかけての丹波高地、琵琶湖を取り巻く比良山地、伊吹山地、鈴鹿山脈の一部、兵庫県北部の但馬地域から広島県西部にかけての中国山地、紀伊半島中・西部の紀伊山地、さらに、四国山地、剣山地に分布する。一部大阪府河内長野市の岩湧山周辺にも見られ、瀬戸内海周辺にはない。

分布の中心をなす植生帯は基本的にはブナ帯で、いわゆる冷温帯を中心とした分布様式を示す。ただ、ブナ帯とはいうもののブナと混生することはなく、生育立地はブナとは異なる。また、自然分布で純林を作ることはなく、谷部や段丘地を本拠地とするサワグルミ、カツラなどとともに、渓

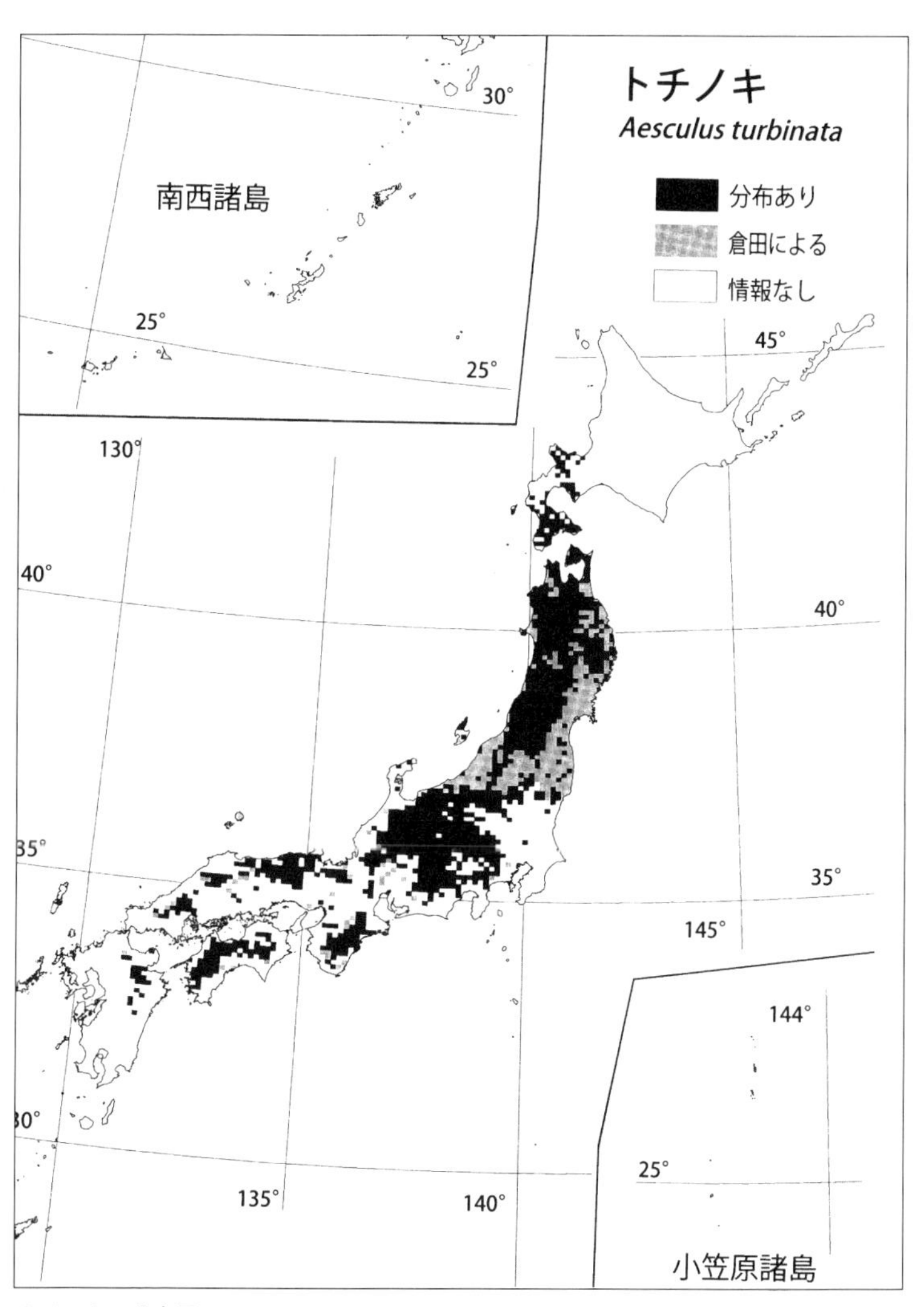

トチノキの分布図

（日本樹木誌編集委員会編『日本樹木誌１』日本林業調査会より。凡例の「倉田による」は倉田悟・濱谷稔夫『日本産樹木分布図集Ⅰ～Ⅴ』『日本林業樹木図鑑第１～５巻』の分布図から「分布しない」と判断したメッシュをのぞいたもの）

佐渡島のトチノキ（新潟県佐渡市）

青森県蔦温泉周辺のトチノキ（青森県十和田市）

畔林を形成する。本州での生育の上限は１５００ｍ近くに達し、下限は北に行くほど標高が下がる。

ただ、人の暮らしとの関わりが大きいトチノキは、思わぬところに見られることもあり、人との関わりを抜きには考えられない。特に、デンプン林としての役割が大きく、昔から積極的に植林したことで、分布の広がりは否めない。青森県の三内丸山遺跡で花粉分析に基づき当時の植生復元に取り組んだ辻誠一郎氏らは、縄文晩期にトチノキの花粉の比率が上昇することなどを突き止め、栽培の可能性を示唆した。また、天保の大飢饉（１８３３～１８３６年）のあと、飢饉に備えトチノキを植えたとする地域があるなど、集落周辺でのトチノキ林は古くから人の手により植えられていったのも事実である。

山地から実や苗を採取し、人里周辺に植栽するなどしたことで、本来の自然分布より多少広がっているとしてもおかしくはない。

３．滋賀県のトチノキの分布と現状

滋賀県は、真ん中に琵琶湖があり周辺を１０００ｍ前後の山々が取り囲む。そして、南部ではおよそ７００ｍより上、北部では６００ｍより上がブナ帯で、同時にトチノキの自生地とも重なる。

次ページの図のとおり、滋賀県北部に多く、南部にはない。河川の流域で見ると、ほぼ、安曇川、姉川、愛知川の流域で、中でも安曇川、姉川にはまとまった自生地が今も数多く見られる。

先にも述べたように、安曇川源流域での伐採がきっかけで、トチノキへの関心が高まり、今まであまり知られていなかった分布も少しずつ明らかになってきた。と同時に、過去の伐採の実態も見えてきた。現在、トチノキが分布する所は、昔も分布していたと考えられるが、現在、トチノキが見られなくても、かつてはたくさん生育していた地域もある。

日本が戦後復興していく中、国有林を中心にブナがパルプの原料として伐採された。これはよく言われる、東北での「ブナの伐採」の話だと思われがちだが、滋賀県も例外ではない。現在よく見る、太さのそろったブナの二次林は、ほぼ、その時の伐採である。

そして、この時、周辺に自生していたトチノキもパルプ材として伐採された。

滋賀県長浜市余呉町では、かつて平地にもブナやトチノキを中心とした巨木林が広い範囲で見られたという。私が教師を始めた頃、教材研究で訪れた余呉町で見た、野積みされたブナなどの巨木は、今も脳裏に焼きついている。当時の様子を撮影した写真を見ると、自動車の横に積まれた巨木は、まさしくトチノキである。

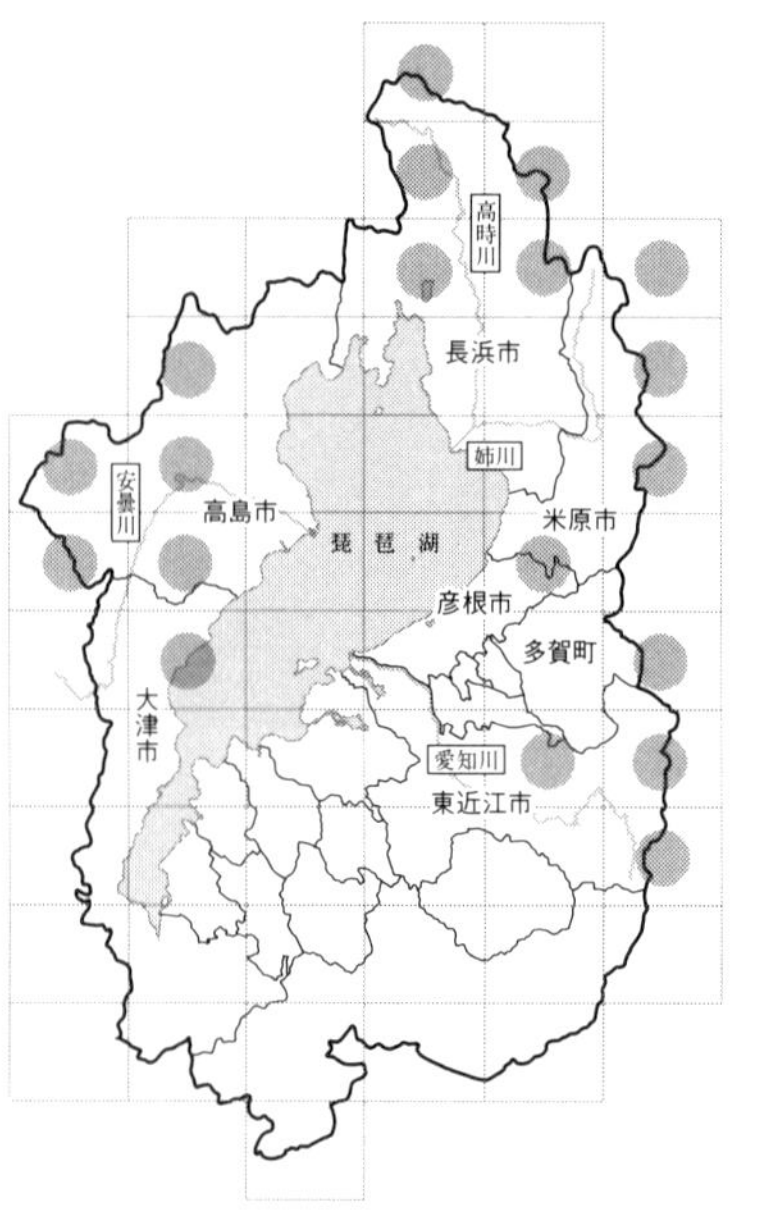

滋賀県のトチノキ分布メッシュ図
（青木「トチノキ自生地調査地点図」をもとに作成）

戦前、パルプの原料としてエゾマツやトドマツといった針葉樹が主に用いられていたが、技術革新により

戦後のブナ林伐採の後に誕生したブナ二次林（滋賀県高島市マキノ町大谷山）

野積みされた木材（滋賀県伊香郡余呉町〈現、長浜市〉、『余呉町史』より）

広葉樹の利用が可能となると、急激にブナ、トチノキなどの広葉樹が伐採されていった。これは、遠い昔の話ではない。ほんの数十年前の話である。きちんとしたデータが残っていないことから、詳細な比較はできないが、たくさんのトチノキやブナが伐採されたことは、お年寄りの話の中でもよく聞かれる。

(1) 安曇川源流域のトチノキ

『高島郡史』の朽木村の項に、「橡、栗の自然林あり」とか、朽木に移り住んだ木地師が「朽木氏の用命を帯びて盆及び銚子を制作するを以て管内到処橡及び山毛欅の材木を許されたり」という記述があり、安曇川の源流にあたる朽木村（現、滋賀県高島市朽木）はトチノキを多産する地域として古くから知られていた。安曇川は、京都市の皆子山を源流とする本流のほか、京都府、福井県との県境から流れ出る、針畑川、北川、麻生川の3つの支流があり、いずれもトチノキが自生する。2010年（平成22）の「トチノキ伐採」で一躍注目を浴びた地域だが、針畑川流域、北川流域には今も多くのトチノキが分布し、巨木も見られる。ただ、麻生川源流は昭和50年代までは、製紙会社による広葉樹の伐採が行われ、同時に多くのトチノキも伐採されたという。さらに、花折断層に沿って流れる本流にも多くの支谷があり、いずれの谷にもトチノキの自生が見られる。朽木の中心地市場から国道367号を葛川方面に7㎞ほど南に向かうと栃生という集落がある。地名に「栃」のつくところは全国にも多いが、栃生もトチノキが繁茂することからの命名とされる。現在も山中の谷部にはトチノキが自生し、まとまって群生する場所もあり、中には5ｍを超す巨木も見られるもの

針畑川源流のトチノキに登る子どもたち（滋賀県高島市朽木中牧）

の、植林地に変わった所も多い。

先にも述べたように「栃生：とちゅう」はトチノキの自生地を表すことが多いが、安曇川流域にはまだ2カ所「トチュウ」と呼ばれるところがある。高島市今津町のトチュウは「途中」と書くが、元は「橡生」と書いた。やはり栃が生い茂る地ということのようだ。さらに、大津市伊香立から京都の大原に向かったところにも「途中」がある。ただ、こちらはトチノキとは関係がなく、平安時代の僧、相応和尚が山中に回峰行の行場として明王院を開くとき、葛川谷と比叡山無動寺谷の中間にあることから、「途中」と名づけたと伝わる。

安曇川に沿ってそびえる比良山系にある白滝谷には、若齢だが少しまとまった自生が見られる。その他にも、断片的だが川沿いにはトチノキが見られる。種子や接穂を採取する母樹に匹敵するものとはいえないが、若齢でもないという大きさが多い。「トチを冠した地名」「今も残るトチノキの自生」から考えると、かつてこの地域がトチノキを多産したところであることは疑いないだろう。

(2) 姉川源流域のトチノキ

滋賀県で確認される縄文遺跡の4分の1が集中する滋賀県米原市で、湖岸から伊吹山麓に人々の暮らしが広がっていたのはおよそ4000年前の縄文後期とされる。木の実のアク抜き技術の進歩により、山にたくさんあるトチノキやドングリなどの木の実の利用が食生活を豊かにしたことによると考えられている。栃の実は、多量のでんぷんとともにタンパク質を含むことから、山村での貴重な食料となったのだろう。今も源流に近い甲津原では、さまざまな保存食が作られるとともに、

高時川源流域のトチノキ林（滋賀県長浜市）

杉野川源流域のトチノキ林（滋賀県長浜市）

栃餅つくりの技術が伝承されている。

姉川は伊吹山の北、岐阜県との県境のブンゲン岳を源流とする本流の他に、金糞岳を源流とする草野川と、福井県との県境栃の木峠付近の山域を源流とする高時川がある。いずれの源流も、1000mを越す山岳地域で広大な集水域内にはブナを主体とした冷温帯の植生が見られるなど、滋賀県内でも豊かな自然が残る地域である。同時に、谷筋には多くのトチノキが自生し、集落とほどよい距離の谷部にはトチノキ林があり巨木も見られる。一方、戦後パルプ材としてブナ林が伐採された歴史もあり、ブナとともに伐採されたものも多い。

高時川の源流にあたる「栃ノ木峠」は、滋賀県（近江）と福井県（越前）との県境にある峠で、越前と近江を結ぶ北国街道として、昔は多くの人の往来があった。その峠にあった大きなトチノキ（枯死）とともに茶屋があり、栃餅が名物だったことは今も地元で語り継がれる。また、長浜市余呉町中河内から針川を経て丹生までの丹生谷沿いは、かつて、トチノキが多産した地域とされるが、戦後ダムの計画が持ち上がると住民の移転が相次ぎ、菅並から中之河内までの集落は廃村となり、ブナ、トチノキなどの広葉樹がパルプの原料として伐採された歴史を持つ。巨木が林立する原生的なすばらしい自然も、今は昔語りとなってしまった。

もう一つの支流、杉野川の源流にあたる土蔵岳周辺は、上流部にブナ、ハリギリなどの成熟した落葉広葉樹林が広がる自然豊かな地域である。同時に、谷部には多くのトチノキが自生し、栃餅作りの伝承とともに、里に近いところにはトチノキ巨木林も見られる。かつて、ブナの巨木とともにトチノキが多産したと思われ山域だが、県境尾根を東に下った岐阜県揖斐郡揖斐川町春日にも、集落周辺の谷部はトチノキが多く自生し、巨木林も見られる。この地域は、とち粉を作る文化、トチノキを建築材に使用する文化など、滋賀県とは少々異なる生活文化が残る。

(3) 愛知川源流域のトチノキ

紅葉の名所として名高い禅宗寺院永源寺（滋賀県東近江市永源寺高野町）からさらに奥、東近江市君ヶ畑町は、轆轤を用いて椀や盆などの木工品を製造する木地師にとっては特別な地域である。全国に展開する木地師の根元地として、文徳天皇第一皇子の惟僑親王（844~897）を祀る。

愛知川は、鈴鹿山地を源流とし、神崎川、御池川の2つの支流があり、いずれの源流域にもトチノキの自生が見られる。御池川の上流、箕川集落（東近江市箕川町）の山手に社が建ち、近くにトチノキの巨木が1本生育し、さらに川に沿って上っていくと10本ほどのトチノキが自生する。とりたてて大きなものはないが、かつて木地師が活躍していた時代の片鱗かと思うと感慨深い。

神崎川源流域のトチノキ（滋賀県東近江市）

もう一つの支流、神崎川は御在所岳を源流とし、御在所岳山麓の水晶谷に多くのトチノキが生育する。甲津畑から杉峠を経て根の平峠に向かう途中の谷にも点々と自生が見られる。この地域は、どちらかというと三重県側からの入山が便利で、昔この辺りは三重県四日市あたりの人たちが炭焼きをし、仕事の合間に栃の実を拾っては栃餅を作ったと聞いた。

ちなみに、三重県松阪市飯高町富永には、「福本の大トチノキ」（市指定天然記念物）と呼ばれる巨木がある。この地域にも、栃餅作りの伝承があり、冬になると地元のスーパーでも時々売られている。

トチノキの枝を使った神事（滋賀県東近江市箕川町）

前述の東近江市箕川町には、トチノキの枝を使ったちょっと変わった神事がある。鈴鹿山脈を取り巻く地域一帯に残る山の神信仰の1つで、又木で作った男女の人形を奉納する。毎年1月6日から7日にかけて神事が執り行われ、役回りの人はその時期になると、二又や三又のトチノキの枝を探して回るという。二又のものは普通にあるが、適当な三又の枝を捜すことに苦労するという。たとえあったとしても高くて届かないことも多い。

そこまで苦労してトチノキを使うのには、トチノキが多く自生しているということ以外に、何かわけがあるのかもしれない。伝承がないのであくまで私の想像だが、「トチノキは大変たくさんの実をつける。豊作や子宝に恵まれるように」

という願いもあったのかもしれない。同じように又木を奉納する祭りは他の地域にもあるが、トチノキを使うのはこの地域だけのようだ。

滋賀県東近江市永源寺高野町の高野神社では、年頭の行事の中で山の神の神事を行う。正月2日から3日にかけて行われる祭りでは、21品の供物が神前に供えられる。この供え物の中には、橙（だいだい）、ホンダワラ、みかん、串柿（くしがき）、小豆（あずき）餅、白餅などとともに栃餅がある。古代から神にさまざまな供え物がなされるが、栃餅のいわれは不明。地域にトチノキの自生はなく、今は永源寺の奥に行かないと見られない。ただ、巨木とは言えないが、境内には1本のトチノキが育ち、供物には栃餅ではなく、ここで落ちた実が供えてあった。

愛知川をはじめとして、鈴鹿山地にトチノキの生育地は少ないと思われがちだが、かつてこの辺りにも多くのトチノキが自生し、多様なト

高野神社の野神神事（滋賀県東近江市永源寺高野町。餅の下2つが栃の実〈口絵参照〉）

チノキ文化が育まれていたのではないかと、想像される。

4. トチノキの一年

(1) 早春——芽吹き

幼葉は下向き

4月も下旬になると冬芽がほころび始め、芽吹きの季節を迎える。暖かい日が続くと、冬の寒さと風雪から芽を保護していた芽鱗(がりん)の先に緑がかった葉の先が見える。日に日に芽鱗のほころびが進むと、いよいよ毛に包まれた葉が顔を出す。ここからの変化は速く、日増しに葉柄が伸び小葉が開く。一つの芽の中に用意されていた葉がすべて出そろうと、芽吹きは終わる。天気のよい暖かい日が続けば、1週間ほどで枝先は緑の葉におおわれる。

トチノキとわずかに遅れて芽吹く植物にホオノキがあるが、芽吹きの様子が少し違う。水平に葉が開くまでの幼葉が、ホオノキは上向きで、トチノキは下向きとなる。「ホオノキは上から、トチノキは下から」と覚

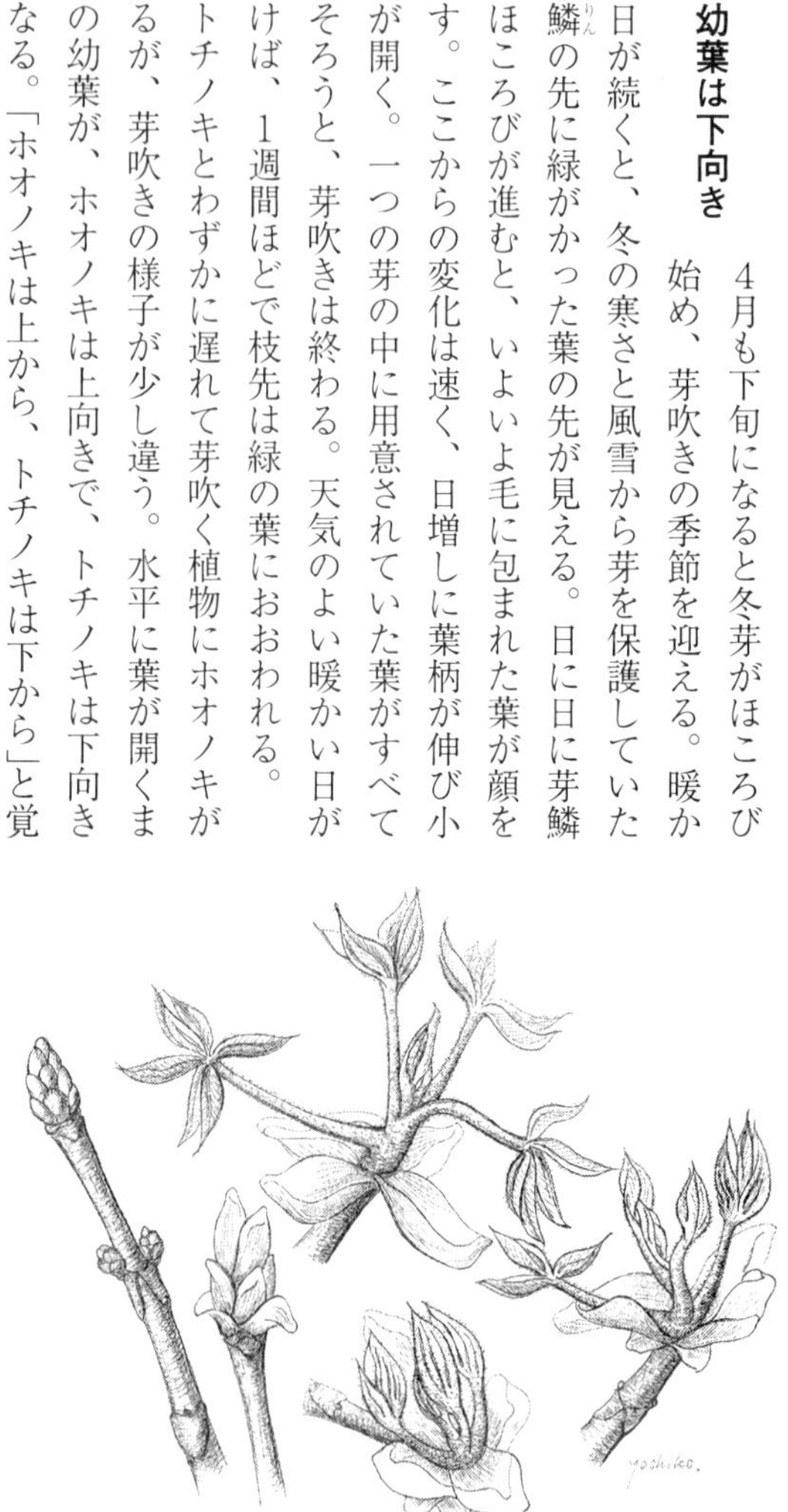

トチノキ芽吹きスケッチ画(トチノキのフェノロジー河村)

えておくと、遠目でも両者を区別することができる。

トチノキの芽吹きから幼葉の展開

(2) 春――開花

観察は、双眼鏡で離れた場所から

森がまだひっそりと静まりかえった佇まいの中、マンサクの花が咲く。そして、タムシバの白い花が咲き出す頃、森はさらに華やかさを増し、森の一年が幕を開ける。トチノキの花が咲くのは5月下旬。森の生き物たちの活動の準備がすっかりと整い、初夏の森へと活発に動き出す頃である。

ひっそりとした森が賑わい始める頃、トチノキの花を見ようと森に入るが、中からは開花の様子はほとんど見ることができない。そこで、トチノキ調査を始めた頃、分布の概要をとらえようと離

トチノキの花。雄花と両性花

れた所から開花する花を見て回ったことがある。双眼鏡を使って観察してみると一目瞭然で、分布のあるなしが見事に把握できた。ただ、問題は、同じような白い花を咲かせる植物が他にもあった。いずれも遠目にはよく似ているが、幸いなことに開花時期がわずかに異なる。トチノキ→ホオノキ→ミズキ→クマノミズキと少しずつずれていく。

トチノキの花は、前述したように、多いものでは数百もの小花をつける集合花だ。また、小花にはしっかりとした雌蕊を持つ両性花と、退化した雌蕊を持つ雄花がある。ただ、咲いている花の多くは雄花で、両性花は下の方に咲き、数は随分と少ない。花弁は白色の4弁花からなり、下の花弁の中ほどは黄色をしている。いわゆる蜜標にあたるもので、この黄色は生きものたちに蜜のありかを知らせるサインとなる。この蜜標は黄色いもの（口絵参照）もあれば赤いものもある。開花から3日までは黄色をしていて、その後赤に変わると同時に蜜の分泌が止まる。マルハナバチは黄色い蜜標をした花で効率的に集蜜するが、ミツバチなど他の昆虫にはそれがわからずに蜜の出ていない花にも訪花するという。マルハナバチの色の認知は不明とされるが、花粉の生産も蜜標の変化に合わせるように終わることから、トチノキの有力な送粉者であるマルハナバチとの見事な共生関係である。

ミツバチも群がる良質の花の蜜

トチノキは巨木ともなるとたくさんの花を咲かせることから、生産される蜜も多く、蜜源植物として大変有用な木である。採取された蜜は独特の味と香りがあり、ブドウ糖の割合が多い良質の栃蜜となる。昔、平良（へら）（滋賀県高島市朽木）の大トチの花が咲き誇る頃に行ったことがある。その時、頭上でにぶい連続した爆音のような音がするのに気がついた。耳を澄ましてよく聞いてみると羽音である。無数のミツバチが、トチノキの花に群がり、飛行機が頭上を通っているかのような音がしたのである。おそらく周辺には、蜜採取のためセイヨウミツバチの巣箱が置かれていたのだろう。花が満開を迎えると、蜜をもとめてさまざまな昆虫類がやってくるが、花にやってくるのは、飼育されているセイヨウミツバチだけではない。ニホンミツバチ、マルハナバチ類、アリ、それに、クワガタ類もやってくる。

(3) 初夏——開花から結実

2年に一度の開花と結実

トチノキは基本的には隔年結果（かくねんけっか）（1年おきに実をつける）である。2011年（平成23）は、多くの木の実で表作にあたり成り年のはずであったが、ミズナラやコナラ、ブナなどの堅果類（けんかるい）とともに、トチノキの結実も芳（かんば）しくなかった。ところが、春には多くの谷でトチノキの開花が確認できた。

堅果類と連動していたことには少し疑問が残るが、最近、トチノキの実の結実状態がよくないという話をよく聞く。はっきりとした原因は突き止められていないが、シカの食害による植生の衰退が、訪花昆虫の減少を招き、まわりまわって、受粉が不十分になっているとの指摘もある。また、トチノキの結実は不安定なことが多く、開花はほぼ隔年で多くなるものの、虫媒花であることなどから、開花時の天候などが結実に大きく左右するようだ。

「トチノキの受粉が結実情況に影響しているのなら」と、セイヨウミツバチの飼育をしたことがある。わずかに1群（1匹の女王蜂が率いる群れで、およそ2万匹）であるが、トチノキ結実の一助になればと、トチノキの開花にあわせて巣箱をトチノキ林近くに移動させて飼育した。トチノキの受粉に効果的なのは、マルハナバチであるが、指向性が強く大群を投入できるセイヨウミツバチの役割は決して無駄ではない。

ただ、やはり、春先の低温が影響したのか、成り年であったはずの2011年も、安曇川源流域で220日を過ぎても、トチノキの実の落下は少なかった。枝という枝に花が咲き大豊作を期待したが、開花時期の天候不良で思うように実が拾えなかった。

(4) 夏——葉の展開と実の成長

朽木にホタルの季節がやってくると、森は一段と深い緑に包まれる。早春、明るい光が谷の奥深くまで差し込み、ミヤマカタバミ、ショウジョウバカマ、ヒメエンゴサク、スミレサイシンと花々の競演に賑わった渓流沿いは、野鳥の鳴き声に包まれ、深い森へと変わっていく。

葉の枚数は7・5・3

トチノキは、サクラの季節が終わり、ミツバツツジの仲間が咲き出す頃、大きな変化を迎える。冬芽を取り巻くねばねばとした鱗片（りんぺん）がそり返ると、茶褐色の毛に覆われた葉が顔を出し、その後は一気に展開する。5月中旬には、冬芽（ふゆめ）に準備さ

葉の並び

れたすべての葉の展開を終え、大きな樹冠を形つくり、そのまま秋の落葉まで持ち越す。日本の樹木の中では最大級の冬芽を持ち、葉の面積はホオノキより大きい。葉は掌状複葉（しょうじょうふくよう）で、1つの冬芽からは大小10枚（3〜5対）程度の葉を展開する。最初に展開を始める外側の葉は、普通7枚の小葉を持ち、中心に向かって5枚、もしくは3枚のものがつく。真上から見てみると、外側に大きく小葉の数の多いもの、中心に向かって小さく小葉の数も減る。トチノキの葉は7・5・3と覚えるといいかもしれない。

生理落下による実の間引き

トチノキは、実（果実）が大きくなり始める6月下旬から7月中旬頃にかけて、多くの実が落下する。いわゆる生理落下で、成りすぎた実を少し減らすための、自然による摘果（てきか）（果実の間引き）である。花を咲かせた多くの両性花は受粉して結実するが、一つの花序に多くの実ができると花梗（かこう）が重さに耐えられず、また、十分な養分が供給できないことから、健全な実をつけるため選果することが必要となる。いったいどれくらいの生理落下が起こるのかと思い、1つの花序を追跡調査してみた。

調査開始時点では24個の実がつき、6月6日から落下が始まる。その後、次々と落下があり、1カ月後の7月初めには2個まで数を減らした。それから1カ月は順調に実を太らせていった。普通、

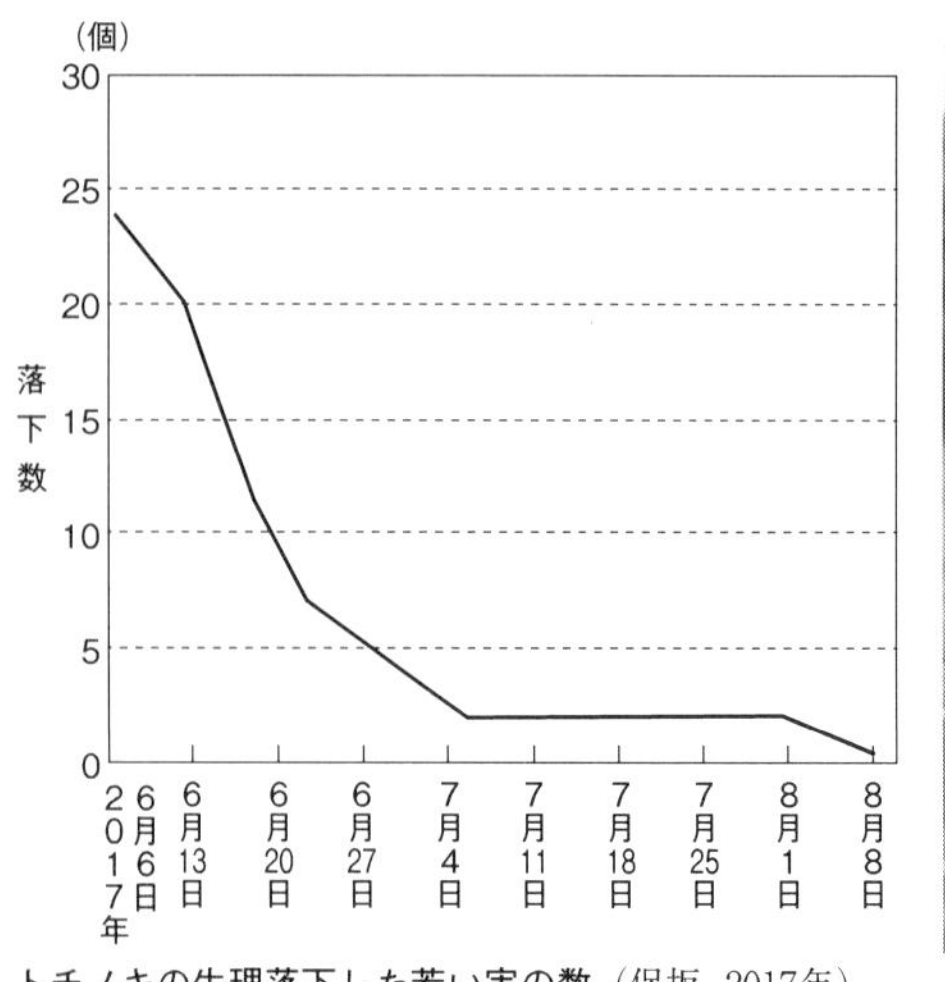

トチノキの生理落下した若い実の数（保坂、2017年）

たくさんの実をつけた花序

6月上旬から7月上旬がいわゆる生理落下の時期で、その後は実の充実期となる。これは、単なる一つの事例であるが、結実した実の80～90％が落下するとした研究もある。ただ、若齢木であったり、生育の立地によりまったく実が残らないこともよくある。

さて、2017年（平成29）は生理落下の量が非常に多かった。6月のトチノキ林には、直径1～1・5㎝程度の実が足の踏み場もないほど落ちていた。

生理落下で地面に落ちた若い実

トチノキは他の樹木に比べ実が非常に大きいことから、その年に生産される養分だけでは実の成長をまかない切れず、枝や幹に蓄えられた養分も関与しているという。それでも、たくさんの実ができ、十分な養分がないと、より多くの健全な実を残せず、やむなく途中落下させることになるのかもしれない。

７月に入ると生理落下は終了し、実の大きさもほぼ一人前の大きさとなる。この後１カ月の間に、内部の充実を終え、いよいよ落下の季節を迎える。

(5) 晩夏から初秋――実の落下

トチノキ最大のイベントは実の落下である。２０１５年（平成27）は、久しぶりに栃の実が豊作となった。基本的には隔年（かくねん）で結果するが、２０１３年と２０１４年は2年続きの不作であった。「今年こそは」という期待も大きかったが、春のすばらしい開花が功を奏し、谷を埋め尽くすほどに実をつけたところもあった。上流から流れてきた栃の実が、窪地で重なり合って溜まっていた。

近年、シカが実を食べるようになったこともあり、実を拾う人も随分と少なくなっていったが、今年は、栃の実拾いに出かけた地元の人が、夜になっても帰らないというちょっとした事件があった。「もしや遭難では」と捜索にでかけたところ、運びきれないほどの栃の実をかかえ、山の中で立ち往生していたという。

トチノキはたくさんの小花が集まり大型の花穂（かすい）をつけることから、花の時期は遠くからでもそれとわかる。「あれだけの花が咲いたのだから、今年はたくさんの実が拾えるな」と胸算用しがちだが、花の多くは雄花で雌しべを持つ両性花は非常に少ない。実が落ち出すまで気が気でない。二百十日が過ぎ、「栃の一つぶ落ち」と言われる季節がやってくると、早生の栃の実の落下が始まり、少し遅れて晩生の実が落下してくる。同時に実をつけていた軸も落下する。

この軸には、実の履歴がすべて残っている。軸は太い部分と細い部分があるが、上部の細い部分は雄花のついていた所で、太く横に張り出した軸（花梗）は、実をつけていたところである。花梗は1つしかついていないものから十数個ついているものまでさまざまだが、太くなった花梗の先端に1つの実がつくことから、ついていた実の数がわかる。

1本の木から落ちた軸をすべて集め、太くなった花梗を調べることで着果総数がわかる。

1本の木から落ちる実の数

かつて私が勤めていた滋賀県立朽木いきものふれあいの里の広場周辺には、数本のトチノキが植えられていた。私が仕事をする部屋からもよく見え、実が落ちた

実をつけていた軸

谷に溜まった栃の実

音まで聞こえる。樹齢は二十数年で、胸高直径は約30㎝弱、まだまだ若齢だが、徐々に結実数が増えていた。

２０１３年（平成25）９月、この木の実の落ち始めからすべて落ちるまでの間、落下した実（種子）の数と梨皮の落下数、さらに、落下した軸の数をほぼ毎日調べてみた。

本格的な実の落下は９月７日から始まり、９月28日まで続いた。９月７日以前の実は未熟果が多いが、その後もしばらくは未熟な実の落下が続く。今までの調査や栃の実拾いの経験から予想していたが、落ち始めてから徐々に数を増しピークを迎え、その後徐々に減っていくことが、この調査ではっきりした。

この年は、９月13日にピークを迎えた。ただ、実の落下は昼間だけでなく夜にも起こる。当然、夜に落下したものはシカやネズミに食べられる。そこで、ネズミが食べない梨皮も同時に拾い数の補正をしてみた。この時、同時に落下する実の平均の重さも調べてみたが、落下の始めと終わりで大きさに大きな違いのないこともわかった。

花序についた太い花梗数は64個、落下痕数が２７４個あり、１本の軸に平均４個ついていたことになる。ちなみにこの年に採取した実の総数は２０６個で、花梗から得られた数との差68個が、ネズミやシカによる摂食など、何らかのアクシデントで消失した数ということになる。

この調査は、「独立木であること」「確実な軸回収の可能な立地であること」などの条件が整わないとできないが、結実数をより正確に把握するのには役立つ。一度、巨木で調べてみたいと考えているが、なかなか条件に合う木がないのが現状だ。

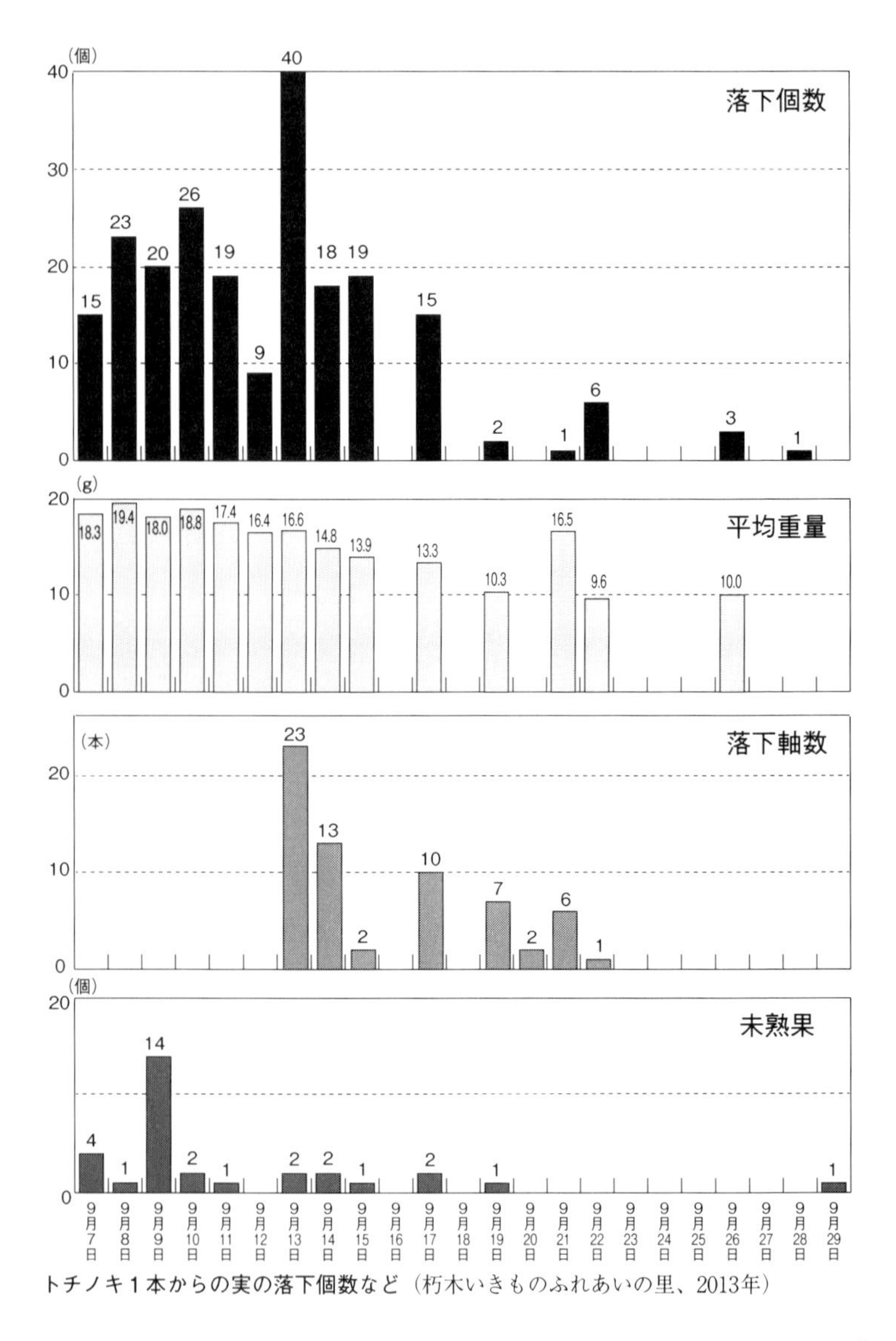

トチノキ１本からの実の落下個数など（朽木いきものふれあいの里、2013年）

直径7㎝を超す巨大な栃の実の殻（原寸）

梨皮の役割

実（種子）は、外側を厚い殻に包まれ、その殻はナシ（梨）の実の表面に似ていることから「梨皮」と呼ばれることは先にも述べた。普通、4㎝ほどの大きさだが、中には7㎝を超える巨大な殻もある。

また、大きな殻には大きな実が入るが、小さく分かれた実が複数個入り、4～5個のこともある。盛んに木の実が利用されていた時代、トチノキがドングリより利用しやすいとされた理由の一つに、実の大きさがある。一つの殻に1つだけの時には、30gを超えるものもある。

また、実を取り囲む梨皮は、乾燥すると非常に軽くなり、しかも、まるでウレタンのような多孔質の材質で、高所からの落下による衝撃をやわらげて中の実（種子）を守る。

栃の実を梨皮のついたものと、実（種子）だけのものを同じ高さから落下させ、実（種子）へのダメージを調べてみた。トチノキは樹高が30mほどにもなり、しかも、枝先につくことが多く、落下による実への衝撃は大きく、受けたダメージによっては、その後の発芽にも大きく影響する。栃餅つくりをするにしても、傷のある栃の実は乾燥の途中でカビが生え、餅つくりにも適さない。少しのひび割れでも影響は大きい。

樹高100mと世界で一番の樹高を誇るレッドウッドの実は小さい翼果（よくか）をつけることから実は無傷で地面に落下する。また、比較的大きな実をつけるフタバガキ（ラワン）は、大きな2枚の羽をつけ、落下の衝撃を和らげる。トチノキは日本で一番大きな実をつけ、落下による衝撃対策は重要である。また、岩だらけの谷など渓谷にも生育し、30mからの落下はかなり大きな衝撃となる。

栃の実落下衝撃実験は、高さがあり、しかも堅い地面のある所を探すことから始めた。高い建物がない朽木では、3階建で屋上のある高島市朽木支所が一番高く、下はアスファルトの駐車場である。これでも高さは約10mとトチノキにしては小ぶりなものに相当する。結果は、実だけのものはすべてひび割れし、一方、梨

フタバガキの翼果（左）、栃の実（中央）、日本最大のドングリであるオキナワウラジロガシの実（右）

落下により傷ついた実

皮に包まれたものは、すべて無傷のままだった。栃の実は、落下と同時に皮がはじけ中の実が飛び散るが、その後の着地における実への衝撃は小さい。多孔質の梨皮は、若い実の保護とともに落下の衝撃を和らげる役割も果たしていた。実際、野外で観察していても、柔らかい土の場合ははじけることなく皮がついたままのものが多いが、堅い地面では梨皮がはじけて散乱する。

トチノキは、30ｍもの高所から実をできるだけ無傷で地上に届けるため、クッションのきいた安全なカプセルを用意したようだ。

栃の実はネズミの好物

「保存しておいた実はネズミも食べない」（長野県）と地方の民俗誌に記述があるが、野外で落下した実は動物が食べる。特にネズミの摂食は深刻で、圃場に撒いた栃の実がすべて持ち去られたという話はよく聞く。シカが食べられないように籠の中に撒いた実をネズミがくわえて運ぶ姿が映像で記録されている（トチノキ研究会）。秋、梨皮がついた状態で落下した実が、中身のない状態で見つかることがある。梨皮の先が少し齧られ、まわりには細かい齧り跡が散乱する。ネズミは、梨皮の端を齧り、皮を割ると中の実をどこかに運び去る。

落ちた実だけではない。無事、発芽しても土の中の実が狙われる。芽生え調査のため、棒を立て目印としておいた苗が根元から齧られ倒れていた。よく見ると、根元付近に穴があり、その先にあるはずの実が見当たらない。無事発芽しても、地上に顔を出した苗を目当てに、地中の実を食べる。ネズミの多い地域では、苗床に播いた実のほとんどは食べられてしまう。

井伏鱒二の短編小説「マロニエの実」の中におもしろい記述を見つけた。

……依頼事があり先生のお宅に寄せていただいた時、二つのマロニエの実をいただいた。モグラに荒らされないように実の回りに蒲焼用の串を何本も打ち込んでおいたが、芽が出ないので掘ってみると、実は跡形もなくなっていた。……

きっと、すぐにネズミがかぎつけて持ち出してしまったのだろう。ここまでの話は、少々残念な話ということになるが、考えてみればトチノキはネズミやリスによる動物散布の植物だ。貯食行動により土の下などに隠されたものの中から、忘れ去れたものが芽生えることで増える。その場からはなくなったとしても、どこかで芽生えているのだと思うと、ほほえましくもなる。ただ、シカの場合は胃袋に収まってしまうので、こちらは少々困る。

ネズミが実を持ち去った後の梨皮

(6) 秋——紅葉から落葉

秋は、森が最も華やぐ季節である。緑一色の中に、ヤマウルシの赤やタカノツメの黄色が目立つようになると、森は徐々に秋の装いへと変化していく。10月下旬、森をすっぽりと覆っていた緑のマントに少しずつ変化が起こりはじめると、谷間の林冠(りんかん)を覆っていたトチノキも秋色へと衣替えを始める。

紅葉は、光と温度と水分が微妙に影響しあう中で起こる現象である。「春は下から、秋は上から」と言われるように、標高の異なる場所では、高いところから順に色づき始める。また、同じ森で見てみると、林縁部や樹冠部がまず色づき、紅葉が進むにつれ林床の植物も色鮮やかな変化を見せる。ただ、水分が豊かで、寒風にさらされにくい入り組んだ谷部では紅葉は少し遅れる。

トチノキの紅葉は、タンニンが強く作用することからブナやミズナラと同じ褐葉となる。ただ、紅葉は一様ではなく、十分な光が当たると紅色がかった褐色となり、日陰だと黄色がかった明るい茶色となるなど複雑な色合いとなる。

トチノキが美しく紅葉することは、あまり知られていない。谷の奥深くに生育することもあって、中々見る機会がないのかもしれない。ましてや、谷一面を覆いつくすトチノキ巨木林の紅葉にはなかなかお目にかかれない。町中でも街路樹としてトチノキが植栽されるが、「大きな葉がごみになる」「実が人や車に当たると危険」などの理由から、落葉するまでに丸裸に剪定されることも多く、見て感動するほどの紅葉は見ることができない。

紅葉が最盛期を迎えるのは11月中頃で、一足先に紅葉を迎えたブナの葉が落葉を始めた頃である。ある時、トチノキ林の紅葉を撮影しようと、巨木林に出かけてみた。1時間ほど谷を遡ると、紅葉には少し早いコナラの緑に縁どられたトチノキ林が、目に飛び込んできた。そこには、谷を包む褐色の大きな傘があった。

落葉は、樹木にとって一年を締めくくる渾身のイベントである。そして、トチノキの落葉は、さすが巨木の面目を示す格好の舞台となる。森一面が、落葉したトチノキの大きな葉で埋め尽くされる。量もさることながら、大きく厚みのある葉で、地面が少し盛り上がったようにさえ見える。落葉に先立ち落下した栃の実は、大量の落ち葉のマットで覆われ、適度な湿り気と防寒が施される。しばらくすると根を出し、地面への固定が終わると落ち葉の下で春を待つ。

(7) 冬——冬枯れ

葉が落ちても圧倒的存在感

冬枯れした森の中で、圧倒的な存在感を示す木はトチノキをおいて他にはない。昔、2mを越す積雪の中を、能家(のうげ)の大栃めざして谷を分け入った。雪のない時なら30度を超す斜面でも上り下りをしながら前に進めるが、積雪が多いとただただ雪の中でもがくだけで、何倍もの体力と時間を費やす。林道歩きも含め4時間を

トチノキの落葉

かけ、ようやくトチノキに到着した。太くごつごつした枝が大きく張り出し、樹幹は荒々しいうろこ状の樹皮に覆われ、天を突いてそびえていた。

トチノキが冬にも存在感があるのは、それなりに理由がある。葉を落とした後、寒風にゆれる細い枝が痛々しく感じるブナやケヤキに比べ大きな葉を支えていた枝は、末端まで太さを保つ。一方、同じように大きな葉をつけるホオノキは、横枝よりもまっすぐ伸びた枝が多いことから、葉を落とすとむしろ細っそりとしていて小さく見える。その点、太い枝が四方に広がり、樹冠の広がりの大きなトチノキは、葉を落とした冬でもその貫禄には揺るぎがない。

11月中旬を過ぎると、すっかり落葉し、後には大きな冬芽が目立つ。枝の先端には頂芽（主芽）があり、そのすぐ下には副芽が2つある。頂芽は太くて大きなものと、少し小さなものとがある。大きなものは花芽を内蔵し、これが多ければ春の開花が期待できる。副芽は対生で、必ずしも同じ大きさではない。この大きさの違いは、このあとの枝の成長にも影響してくる。もし、3つの芽がすべて成長したなら、枝はすべて三又となるはずだが、途中の枝ぶりや先端をよく見

冬のトチノキ：能家の大とち

てみると、二又となった部分が目立つ。副芽の一つが途中で成長が止まったり弱ったり、枯死してしまったことによる。

樹木は厳しい冬の風雪から大切な芽の内部を保護するため、さまざまな工夫をする。細かい毛を密生し水をはじくことで凍結を防ぐもの、何重にも芽鱗を重ねたもの、分厚くしっかりとした外套に覆われるもの、さらに、むき出しの葉芽に糖などの不凍液を貯めこむものなど、さまざまな方法をとる。トチノキの冬芽は飴色をしたヤニが表面を覆い、雨を寄せつけずしっかりと水をはじき、あわせて冬の乾燥から水分が奪われるのを防ぐ。手袋をした手でつまんでみると、手袋がヤニに引っついてしまう。昔、クマ狩りをする猟師は、トチノキの枝を穴に差し込み黒い毛がつくかどうかでクマの存在を確認したという。より健全な冬芽ほどヤニが多く、少ない冬芽は春までに枯れてしまっているのをよく見かける。

上から見ると四角形をしたトチノキの冬芽

樹皮に現れる輪紋

大きな幹を持つトチノキは、樹皮にも独特な模様が現れる。最初、特別目立った模様のない幹も、4~5年経つと小さな縦向きの裂け目が現れ、それが年数を経るに従い、小さくひび割れた樹肌となる。さらに年数がたつと大きく瓦状にはがれてくる。さらに年数がたつと、樹皮がはがれて見事な輪紋（同心円状の輪）が見られることがある。

長寿命となるトチノキの樹皮は、年数を経るに従い何層にも重なり、厚さを増す。同時に、外側から少しずつはがれることから、輪紋が現れることになる。倒れた木で調べてみたら、2㎝ほどの

樹皮の輪紋

厚さがあった。

兵庫県香美町小長辿のトチノキの巨木には輪紋がない。樹齢数百年と言われる巨木だが、皮目は縦方向で色も黒っぽい。まるで、未だ壮齢期のトチノキの樹皮をしている。また、富山県南砺市渡原にある「渡原の大栃」（市指定天然記念物）は根元で2本に分かれ、昔から交互に実がなることで知られた木だ。こちらも、樹齢数百年と思われる巨木だが、隣り合う2本の幹は皮目が異なる。一方は兵庫県小長辿のトチノキ同様、縦向きの皮目である。この木は、結実に対して性質の異なる2本の木が合体したものなのかもしれない。

5. 着生植物

(1) 多くの着生植物が生育

巨木であることはただそれだけで見る者を圧倒する。しかし、それだけではない。巨木とともに生きるさまざまな植物にも驚かされる。時間とともに地衣(ちい)類やコケ類が付着し、つる植物がからみつく。太くなった枝のつけ根には落ち葉などがたまり、そこに植物が根づく。これらは、若い木にはない独特の環境で、樹を住処(すみか)とする植物に、「安定した生育の場」と「水分、養分」を提供する。巨木が生み出す独特の環境により、ここを住処とする植物は増え多様になり、森の賑(にぎ)わいが増す。地上は動物による踏みつけや摂食、遷移による植生の変化、人や自然災害によるさまざまな攪乱(かくらん)による変化も大きいが、樹上は比較的変化が小さく環境は一定している。

トチノキの巨木が地上数mのところで二股となり、そこにナツエビネが生育していた。エビネは根茎で増える多年草で、年々株は大きくなる。地上ではシカの食害が増えてあまり大きな株が見られなくなったが、トチノキの股に根づいたナツエビネは、毎年株を太らせたくさんの花が咲く。

トチノキの股に生えるナツエビネ

トチノキの調査をする時、調査項目に着生植物やつる植物、寄生植物の有無と種類の確認をすることにしている。現地では、目視で植物の有無を確認し、同時に双眼鏡を使い可能な限り種の判定を行う。地上の植物と違い、手に取ってみることができず最初は戸惑いもあったが、むしろ種が限られることなどから、慣れるのも早かった。

調査の結果、トチノキなどの巨木から80種余りの植物が確認された。この中には数種類のつる植物の他、本来の生育地が樹上性のもの、主に地上を本拠地とするが、樹の股や折れた枝のくぼみなどに溜まった腐植に根づいた任意着生植物などがある。地上と異なり水分の供給は雨や夜露などに頼るため、空中湿度の高い谷部のトチノキの巨木はうってつけの環境と言える。中でも、樹皮の表面に根が密着して広がり、乾燥にも耐える肥大した根を持ったシダ植物やラン科植物が多い。

そんな中、オシャグジデンダ、ノキシノブ、ヒメノキシノブ、ミヤマノキシノブ、シノブ、スギラン、クラガリシダなどのシダ植物とともに、ヒナチドリのようなラン科植物、さらに、実が鳥などの動物により食べられ、樹上で発芽するヤシャビシャクやヤドリギ類の植物がトチノキを利用していた。

戦後、ブナなどの原生林が伐採され、スギやヒノキの植林地に変わる中、着生植物の多くが絶滅を心配される状態になっている。谷部に残るトチノキ林がこれらの植物の大切な生育地となっている。

(2) 樹幹流が着生植物に水分を供給

朽木西小学校に勤務していた頃、「夜叉梅(やしゃうめ)が熟したから食べないか」と地元の人から青い小さな実

貴重な着生植物

種名	滋賀県RD	環境省RD
クラガリシダ	希少種	絶滅危惧ＩＢ類
スギラン	絶滅危機増大種	絶滅危惧Ⅱ類
オシャグジデンダ		
ヒナチドリ	絶滅危惧種	絶滅危惧Ⅱ類
ヤシャビシャク	絶滅危惧種	準絶滅危惧
サジラン	分布上重要種	

スギラン

クラガリシダ

ヒナチドリ

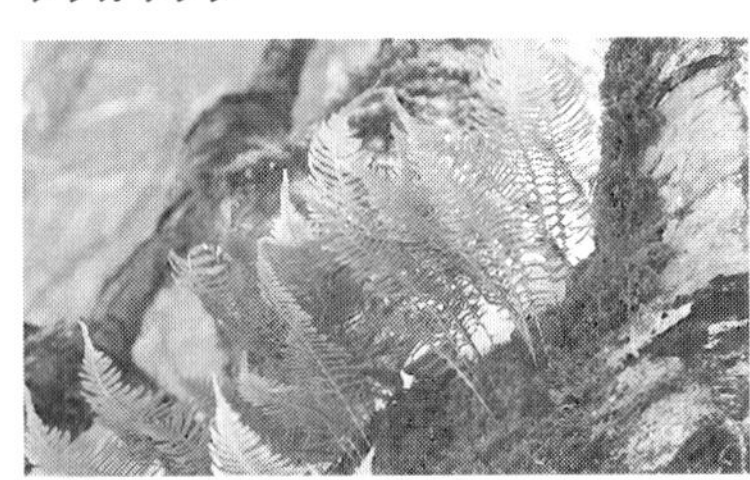
オシャグジデンダ

ヤシャビシャク

サジラン

をもらった。直径１㎝たらずの、表面に細かい毛が生えた実で、食べた時の少しざらついた食感と酸味が印象に残っている。特別おいしいとは言えないが、山で酸味ある木の実は喉(のど)の渇きをいやしてくれる。

夜叉梅とはヤシャビシャクのことで、先にも述べたようにトチノキやブナ、ミズナラなどの巨木に着生する。「夜叉（天狗）にしかとれないような高い所にある、夜叉が食べる梅」ということらしい。それだけに、なかなか手に取って観察することができず、長く写真も撮れなかった。ただ、着生植物でありながら、意外と地上でもよく育つ。見せてもらった株は、庭先で植木鉢いっぱいに成長し、たくさんの実が熟していた。

着生植物は水分の供給を雨と空中の湿度にたよる。地上なら根を水分のある方に伸ばすなどできるが、樹上では天気まかせということだろう。しかも、降った雨はなかなかヤシャビシャクには届きそうにない。そんな疑問を持ちながら雨の森を歩いていた。見ると、木の幹の表面を水が流れている。樹幹流である。樹木は樹冠に降り注ぐ雨が葉から枝、枝から幹へと伝わって流れ、株元に寄せる工夫をしている。着生植物は幹を流れる樹幹流も利用することで、水分を得ているのかもしれない。

第3章　トチノキ調査と保全活動

1．トチノキ伐採と保全活動の始まり

(1) トチノキへの関心の高まり

朽木でトチノキ保全に向けた本格的な取り組みが始まったのは、平成22年（2010）10月10日の「巨木伐採地現地観察会」からである。

かつて、谷を埋め尽くすように生育していたトチノキの森が、ぽっかりと穴をあけたように地肌をさらけ出した姿を目の当たりにし、保全を呼びかける行動に向け、有志が集まり観察会を行った。それまでも、地元住民や登山者から「朽木の山でトチノキが伐採されているが、大丈夫なのか」との情報が寄せられていた。

そもそも、滋賀県の山で広葉樹が大量伐採されることなど、考えてもいなかったことで、伐採地の惨状を目の当たりにしても、にわかには信じられなかった。

V字谷の急な斜面に、わずかに切り株が見え伐採跡地だとわかる。ヘリコプターによる搬出に支障となる木が数本伐られたようだが、ほぼ、トチノキだけの伐採で、斜面は地肌をさらけ出していた。確認できたのはわずかに2つの伐根跡だが、よほど大きな樹冠に覆われていたのか、日陰となっていた林床に植物は少なかった。

観察会を契機に、トチノキ伐採への関心も高まり、他の地区における伐採の実態が徐々にわかってきた。そんな中、能家の谷で、近く伐採するために準備が進められている木があるとの情報が入

伐採地の様子（滋賀県高島市）

る。早々調査をしてみると、7mを超える巨木で、当時として県下最大のトチノキであることがわかった（21ページの「能家の大トチ」）。雨続きで伐採が遅れていたが根元周りには溝が掘られ、そばにはブルーシートにくるまれた刃渡り1mもある大きなチェーンソーが待機していた。

猶予（ゆうよ）はない。「なんとか県下最大のトチノキを守らなければ」と、思いを同じくする仲間とともに大胆な行動に出た。この時は、徐々に仲間も増え、保全への機運も高まりつつあった。今から考えるとどうしてあんなことができたのかと不思議な気もするが、先のことはあまり考えず木の周りにロープをめぐらし、「保存木」と看板を立てた。言ってみれば、伐採者への戦線布告である。マスコミでもたびたびトチノキの伐採が取り上げられ、琵琶湖源流の森を守りたいという人々の思いが背中を押した。

(2) トチノキ伐採問題と「巨木と水源の郷をまもる会」の設立

伐採が明らかになって以降、さまざまな問題が指摘され、「トチノキ伐採問題」という言葉が生まれた。ただ、昔からトチノキの材は暮らしの中で利用されてきた。縄文時代の遺跡が残る福井県の鳥浜貝塚遺跡では、たくさんの出土品の中に、トチノキで作った椀などが発掘されていることは先にも述べた。滋賀県東近江市君ヶ畑町を根元地とする木地師集団は、トチノキやブナなどの良材を求めて各地を巡った。戦後、日本が経済成長を続けていく中でも、多くのトチノキが利用された。木挽きと呼ばれる人たちが集落に住み込み、トチノキなどの広葉樹を板に挽いて搬出したという話は県内にも伝わる。ただ、暮らしを支え、木の文化を育んできたトチノキの利用と、今回の伐採には大きな違いがある。

ヘリコプターで搬出されるトチノキの巨木

まず、言えることは、かつての伐採とヘリコプターを使った大量かつ急激な伐採では、自然に及ぼすインパクトに格段の違いがあるということである。かろうじて残されていた源流域の自然が雪崩のように崩れ去っていく、そんな予感さえした。

また、巨木中心の伐採は、母樹の喪失につながり、トチノキ林の再生を妨げる。そして何よりも、人々の暮らしと命を支えてきたトチノキの伐採は、人々が営々と築いてきた森とともに生きた証を失うことにもなり、過疎化で衰退する山間地域の再生への足掛かりが消える。

伐採がわかったとき、林業関係者や登山者、山の自然に詳しい人たちから、朽木でのトチノキの分布と巨木の生育地や本数の情報が集められた。しかし、そこから得られた情報は、意外にもわずかで、木材市場に運び込まれた本数よりはるかに少なかった。今回の伐採が、ほとんど実態が把握されない中での出来事だったことに愕然とした。実態が見えないだけに、今後これ以上の伐採があれば、朽木でのトチノキすべての消失につながるのではという、なんとも言えない焦燥感に襲われた。

伐採問題が社会問題化する中、地元住民、研究者、市内有志により保全を願う請願書を県知事に手渡し、その帰り道、保全活動団体の設立を話し合った。そして、２０１０年（平成22）12月５日、県、市、地元森林組合からの支援のもと、保全活動にむけた官民一体の活動組織、「巨木を育む豊かな森と水源の郷をつくる会」（その後、「巨木と水源の郷をまもる会」に名称変更）が立ち上がった。

(3) 調査開始

トチノキ伐採地での観察会を開催した２０１０年（平成22）10月から８カ月後の２０１１年６月４日、巨木と水源の郷をまもる会は、詳細なトチノキ分布調査を開始した。

詳しく調べることを「しらみつぶしに調べる」と表現するが、トチノキ調査もまさに「谷を１つひとつつぶしていく、しらみつぶしの調査」だった。事前にいろいろ情報を集めたが、大きさや本数はやはり行ってみないとわからない。現地を見れば思わぬ発見もあり、好奇心が駆りたてられる。朽木村時代に作られた１万分の１縮尺の地図を入手し、地図上で確認できる支谷、枝谷を手当たり次第に歩きまわるというものである。

この時、調査開始に先立ち地形図に谷の名前を記入していった。調査をする時、地元の人からの聞き取りで谷の名前は必要不可欠だった。若い頃から山とかかわってきた70歳以上の人なら、誰もが谷の名前をしっかりと憶えている。まもる会の会員の作業で、谷名入りの見事な地図が出来上がった。この地図に、確認したトチノキが次々と記録されていった。

いざ調査を始めて見ると、30分ほどで源頭部に達するような小さな谷もあるが、往復4時間ほどかかる深く大きな谷もあった。切り立った壁や滝を迂回(うかい)し、小さな落差はよじ登り、源頭部を目指して進んだ。積雪期にも調査を行い、時には厳しい時もあったが、目の前にトチノキの巨木が現れた時は、感激もひとしおだった。

日により、30本近い巨木に出会うこともあった。原生林ならまだしも、山で巨木に出会うということがほとんどなくなった現在、1日に何本もの巨木に出会うことなど、私も、トチノキの調査を始めるまで想像もできなかった。

トチノキ巨木調査を主導したのは「巨木と水源の郷をまもる会」で、会員以外にも県内外の自然保護団体の会員、トチノキの伐採を新聞などで知り参加の申し出のあった人や大学生、大学院生などが参加した。２０１１年6月の開始から2年間にわたり、週1～2回の頻度(ひんど)で精力的な調査を行い、訪れた谷は支谷、枝谷を含め約70カ所にのぼる。この間の調査回数は約60回、延べ３３０人余りが参加し、ほとんどの谷でトチノキをはじめカツラ、サワグルミなどの巨木を確認した。

この調査により、トチノキ巨木３８８本を確認することができたが、同時に地域とトチノキとのかかわりなどの情報がたくさん得られた。この時得られたさまざまな情報は、その後の保全活動

谷名入りトチノキ調査図

や啓発活動に活かされている。その後も調査は継続され、今は５００本近い巨木が確認できている（２０１８年現在）。

積雪期の調査風景（2011年）

調査風景（2012年２月29日）

⑷ 相次ぐ巨木の確認

滋賀県で最初にトチノキに注目が集まったのは、前述したように1996年（平成8）に滋賀県高島市朽木平良（へら）の大トチを確認した時である。このトチノキは平良の松原薫さんが所有し、昔から実を拾って栃餅をついていたという、地域でもよく知られた木である。

しかし、それまで特にトチノキに関心を持たれるということもなく、「トチノキがあって当たり前」といった状況だった。その後、少しずつ周りのとらえ方や社会の状況が変わっていった。1987年（昭和62）に滋賀県緑化推進会編・滋賀自然環境研究会調査『滋賀の名木誌』が完成し、1988年（昭和63）から1989年（平成元）にかけて環境庁による初の「巨樹・巨木林調査」が行われ、平成の時代に入ると、ちょっとした巨木ブームが起こる。また、全国に自然観察と自然ふれあい施設の建設が相次ぐなど、自然への関心が高まり、豊かな自然のシンボルとして巨木も注目されるようになっていった。

長浜市余呉町奥川並で確認されたトチノキの巨木（水田有夏志氏提供）

その後、能家で平良の大トチを凌（しの）ぐ巨木が確認され、さらに、2年後に同じく朽木で8mを超える巨木を確認。さらに、2015年（平成27）には長浜市余呉町奥川並（おくかわなみ）で9・8m

の巨木が確認されているのは先にも述べた。トチノキは常に人の生活の中にあった木で、決して新しい発見ではない。少しの間、人々の意識の中から遠ざかり、忘れられていたに過ぎない。その、少し前の記憶を呼び戻すきっかけが、10年前の巨木の確認だったのかもしれない。

　山で巨木を見つけた時の、心が震えるような感覚は、調査に携わった誰もが経験する。それが証拠に、巨木は遠くから見ただけでだいたいの大きさがわかる。能家の大トチの調査の時も、谷を登り詰めて姿が見えた瞬間、心の高鳴りを覚え、今まで見たことのない巨木であると実感したのを覚えている。

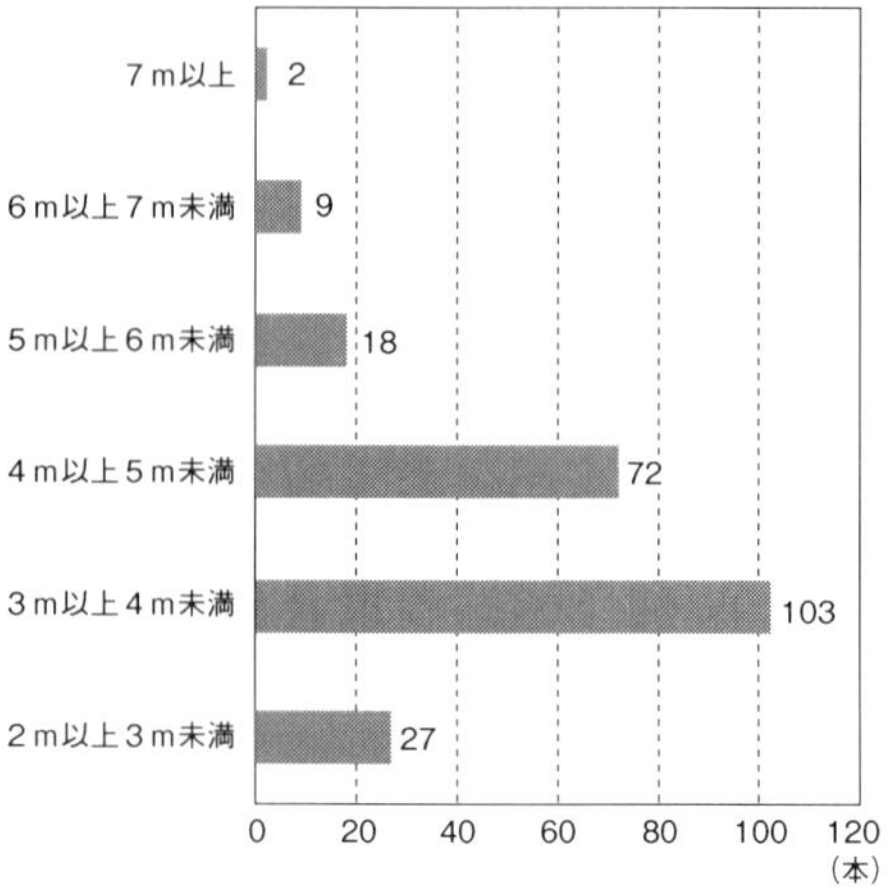

胸高周囲長	本数（本）
7ｍ以上	2
6ｍ以上7ｍ未満	9
5ｍ以上6ｍ未満	18
4ｍ以上5ｍ未満	72
3ｍ以上4ｍ未満	103
2ｍ以上3ｍ未満	27

高島市朽木におけるトチノキ巨木の胸高周囲長別分布

　トチノキは、大変長寿命な木である。それだけに、巨木も多いが、やはり、6ｍを超す木はそう多くはない。上のグラフは、2011年6月から2013年3月までに朽木で確認されたトチノキを胸高周囲（高さ1・3ｍの幹の周囲の長さ）別にグラフに表したものである。2ｍ未満のものは原則調査対象でないことから記録数は少ない。

　このグラフからは、3ｍをピークに、徐々に巨木の数は少なくなる。7ｍを超えるものは朽木にはわずかに3本だけである。全国的にみても、7ｍを超えるものは稀とされ、9ｍを超えるものは全国で40

本程度と言われている。

石川県巨樹の会の初代会長である里見信生氏（金沢大学名誉教授、平成14年没）が、日本のトチノキ巨樹番付を作成した際、７ｍ以上のものは国の天然記念物の価値があり、５ｍから７ｍ程度は県の天然記念物の価値があると述べられている。もちろん、天然記念物は単に大きさだけが選定の基準ではなく、歴史性、遺産性、生活・文化性といったものも考慮されるが、今指定されている国の天然記念物は７ｍを超える。

ここまで、トチノキの大きさについて述べてきたが、はたしてトチノキはどれくらい生きるのか。現在日本一とされる「太田の大トチノキ」は樹齢１３００年とも言われる。枯死したが、かつて国指定の天然記念物で、太田の大トチノキが確認されるまで、日本一のトチノキとされた富山県東礪波郡利賀村（現、南栃市利賀）の「利賀のトチノキ」は推定樹齢８００～１０００年とされていた。同じく旧利賀村の庄川温泉郷から南へ約10㎞、国道４７１号沿いにある、「脇谷のトチノキ」も樹齢８００～１０００年とされる。さらに、今はないが、「太田の大トチノキ」を凌ぐ大きさを誇った長野県の「非持の巨橡」は、樹齢１０００年とされた。もちろん、樹齢はあくまで推定で、実際のところはわからない。１０００年というのは、長寿を表現する決まり文句なのかもしれない。

さて、トチノキの限界樹齢についてもう少し考えてみよう。先に述べた巨木はいずれも、大枝が枯損したり、幹が朽ち空洞化したりして、ほぼ限界に近い状態を示している。生きとし生けるもの、それぞれに限界があり、永遠に成長することはない。木もおのずと自然の摂理に従う。ある所までは成長し、その後は成長が止まり朽ちていく。朽木の能家に私たちが「幻の大トチ」と呼ぶ木の伐

脇谷のトチノキ（富山県南栃市）

り株がある。調査を始めた時、タッチの差で伐採されてしまった木のことで、「あと１カ月早く行動を起こしていれば……」と、今思っても心が痛む。非常に立派な伐り株で、根元周囲は９ｍを超えていた。

この株は、まだ切り口が生々しく年輪も確認できる状態だった。そこで、数えられるだけ数えてみようとしたが、５００ほど数えて周辺部分は目が詰まっていてよくわからない。とりあえず、樹齢５００年以上であることだけはわかった。

幻のトチノキの伐り株（滋賀県高島市朽木能家）

巨木にはよく「樹齢３００年」とか「樹齢３００年以上」と書かれているが、そこそこの大樹なら妥当なところだろう。

幻の大トチは、幹の中心まで顕在で、まだまだ壮齢の木であった。その後、どれだけ生きられたかはわからないが、いずれ朽ちる日も来る。そう考えると、「太田の大トチノキ」は、今、私たちにトチノキの限界を見せてくれているのかもしれない。

さて、もう一度調査のことに話を戻そう。先にも述べた調査票には生育地の斜度が書き込まれている。調査票から生育地の斜度を平均してみると、実に39・６度となる。急峻なＶ字谷や大きな岩が散乱する傾斜地を本拠地とする樹の生育状況をよく表している。そのような中でもひときわ大きな巨木は急峻な斜面にはない。

トチノキは谷部を中心に幅広く生育するが、いくら年数が経とうと、巨木になるには条件が整わないと難しい。光と水分、肥沃（ひよく）な土壌、風雪などの障害が少なく自然樹形が保てる十分な空間が必要である。今ある巨木の立地を見てみると、比較的谷の源頭に近く、斜面が削り取られて土砂が堆積した山脚侵食面などのなだらかな斜面地に多い。かといって山奥ではなく、集落（現在の集落ではなく、昔の集落で考える）とほどよい距離感の所にある。支障となる周辺の木を伐るなどの日常的な世話も考えられる。ここでも、トチノキと人との関わりがにじむ。

次に、トチノキの調査をしていて、谷の両側でトチノキが多い斜面と少ない斜面があることが気になっていた。オオイワカガミやトクワカソウなど、林内に群生する植物も、南向きと北向きで生育が異なる。先に述べた調査票に記録された生育斜面の向きをグラフにしてみた。必ずしも標本数が多いとはいえないが、比較的北向き斜面に多く生育するという傾向が見られた。

晩秋にトチノキの調査をしていた時、急に時雨（しぐれ）て風も強く吹いてきた。山の中では、雨や風をよける場所がない。大きいと思っていても、雨風をさえぎるような大きな木はない。そんな時、近くにあったトチノキの巨木に身を寄せた。すると、冷たい風はさえぎられ、暖かささ

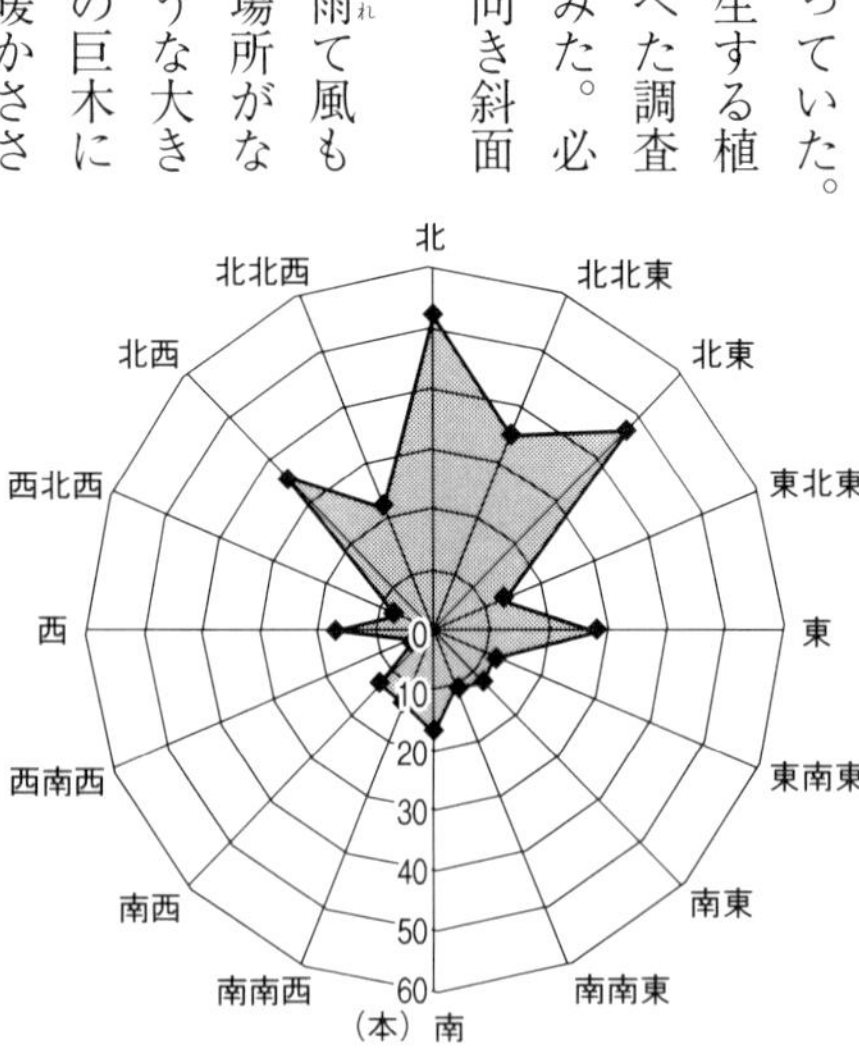

トチノキ生育の方位

トチノキ等巨木調査票

調査日情報	年　月　日　天気				
調査者					
写真の有無	有　無　全体写真(2方向から撮影・・個体識別できる範囲で) NOテープの撮影				
調査地NO		**樹種**		**標本NO**	
所在地			谷名		
所有者名		所有者住所			
GPSデータ	東経135°　′　″				
	北緯35°　′　″				
標高	m				
傾斜度	°	傾斜方位			
局所地形	尾根(平坦尾根、やせ尾根) 山腹凸斜面 凹斜面 平衡斜面 山脚侵食面 山脚堆積面 崖錐　扇状地 洪涵地 台地 湿地				
土壌浸食度	0　1　2　3　4		※調査木周辺で考える		
基準：0-有機物層が全面覆う 1-有機物の一部が流出(ガリーなし) 2-有機物50%満たない 3-ガリー一部あり 4-ガリー全面覆う					
林種	人工林(植林) 天然林 伐採跡地 未立木地 竹林				
林種の細分	育成単層林　育成複層林　天然生林				
優先する樹種					
周辺の獣害の有無	有　無　シカ　ウサギ　クマ　の他(　　　)				
胸高周囲	cm	樹高	推測・実測　m		
巨木の欠損	1.無　2.大枝枯損　3.小枝枯損　4.頭頂部幹折れ　5.下部幹折れ　6.空洞あり　7.異常なコブあり　8.胴割れ				
樹勢	1　2　3　4　※判定基準は裏				
着生植物					
周辺植生					
メモと所見					

観測項目	樹勢評価区分			
	1	2	3	4
	旺盛な生育状態を示し、被害がまったくみられない	幾分被害の影響を受けているが、余り目立たない	異常が明らかに認められる	生育状態が劣悪で回復の見込みがない
樹形	自然樹形を保っている	若干の乱れはあるが、自然樹形に近い	自然樹形の崩壊が進んでいる	自然樹形が完全に崩壊され、奇形化している
枝の伸張量	正常	幾分少ないがそれほど目立たない	枝は短小となり、細い	枝は極度に短小、萌芽状の節間がある
梢葉の枯損	なし	少しあるが余り目立たない	かなり多い	著しく多い
枝葉の密度	正常、枝及び葉の密度のバランスがとれている	普通、1に比してやや劣る	やや疎	枯れ枝が多く、葉の発生が少ない。密度が著しく疎

巨木と水源の郷をまもる会が使用した「トチノキ等巨木調査票」

え感じた。寒さで不安な気持ちは失せ、安心感さえ持てた。そして、しばらく巨木に寄り添いながら風雨が去るのを待った。

(5) トチノキ林の確認

調査を始めてしばらくは次々と巨木が確認され、順調に目標が達成されていく中、今まであまり意識していなかった、トチノキ群生地のすばらしさに目が向くようになっていった。

特に晩秋から冬にかけて調査をするようになると、落葉が進み明るくなった森で、それまでは見通せなかったトチノキ群生地が一望できるようになってきた。ある時、紅葉の様子を写真に収めたいとトチノキの群生地を訪ねた。あいにく山には靄（もや）がかかっていたが、トチノキ林に着いた時はうっすらと青空が見え始め、しばらくすると霧が晴れ、紅葉したトチノキの巨木林が姿を見せた。源頭部に近いトチノキの巨木林はカール状の谷全域に広がり、奥まで続く見事な巨木林が見通せた。靄の中から少しずつ姿を現した巨木林の、あの時の光景は今も心に残る。余談だが、表紙の写真はその時の1枚である。

個々の巨木に比べると、まとまりとしてのトチノキの巨木、いわゆる「トチノキ巨木林」はあまり注目されない。そもそも巨木林の概念には基準となるものがなく、比較が難しいことから、「トチノキ原生林」「トチノキ巨木林」「トチノキ群生地」と呼ばれながら、存在そのものの記録に留まる。全国各地にあるトチノキ林は、「天然記念物」「特定植物群落」「自然環境保全林」などに指定される所もあるが、特に指定や特別な保全がなされていないところにも巨木林は多い。

さて、朽木でのトチノキ調査は、確認された木1本1本について樹高、幹回り、健康度、周辺環境などのデータとともに、位置データが記録されている。ある程度調査が進み、データの蓄積と整理が進み、地図上に落とし込む作業がなされると、今まで感覚的だったトチノキ林の状況が、客観的にとらえられるようになってきた。同時に、時代とともに変化してきた周辺の森林利用との比較から、トチノキ林と人との関わりも見えてきた。京都大学自然地理研究会による調査は、朽木におけるトチノキ巨木林の成り立ちを自然環境と人為的な影響をもとに調査研究し、トチノキ巨木林の成り立ちの解明に新たな足跡を築いた。

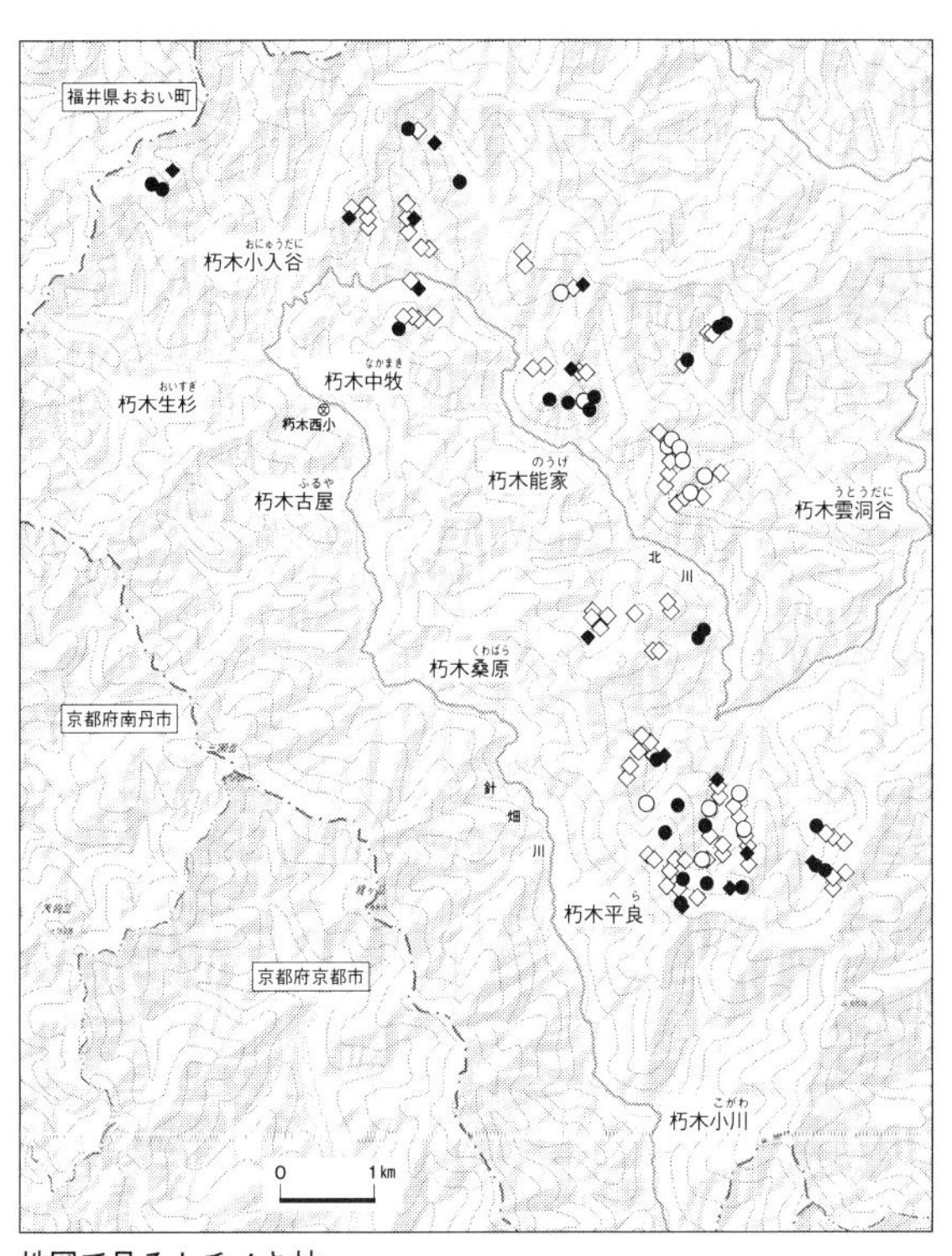

地図で見るトチノキ林
◇○はトチノキ巨木等、◆●はトチノキ以外の巨木等

(6) トチノキ伐採の背景

トチノキは、北は北海道南東部から南は九州宮崎まで広く分布することは先にも述べた。中でも、東北地方、北陸地方、中部地方、甲信越地方が分布の中心で、ブナ帯の渓谷部にカツラやサワグルミとともに生育する。東日本のブナ帯ではごく普通な樹木の一つで、個体数も多い。

福島県の燧ヶ岳（ひうちがたけ）山麓に広がるブナ林では、ブナ、ハリギリ、カツラ、サワグルミなどの巨木とともに、谷部には立派なトチノキが生育する。いずれも胸高周囲3mを上回る巨木で、トチノキ原生林として知られる。

滋賀県からもそう遠くない白山のチブリ尾根（石川県）は、ブナ林が魅力の山域だが、谷部には立派なトチノキが生育する。

一方、西日本には丹波高地、氷ノ山（ひょうのせん）周辺（兵庫県）、紀伊山地の大台ヶ原（おおだいがはら）や大峰山周辺、中国山地、さらに四国の剣（つるぎ）山地や四国山地に少しまとまった自生地があるが、どちらかと言えば自生地は離れ離れで、東日本のように連続した分布ではない。こう見てくると、トチノキの巨木や巨木林は西日本には少ないように思えるが、幹回り7mを超す巨木は、意外にも西日本に数多く生育する。

朽木雲洞谷（うとうだに）地区には6mの巨木を筆頭に、十数本のトチノキ巨木が生育するところがある。樹齢数百年と目される巨木が林立するが、谷はほぼトチノキで埋め尽くされ、周辺に生育するイヌブナやブナはせいぜい樹齢が80年程度で、薪炭（しんたん）としての利用の跡が見られる。ブナを含めほとんどの樹木が伐採された中、トチノキだけは伐採されずに残された。栃の実利用が盛んで、デンプン林としての価値が高いトチノキを選択的に保存してきたことがわかる。このようなトチノキ林は、朽木を含め京都府綾部などの丹波高地、兵庫県但馬地方、三重県尾鷲地方、奈良県中部などの西日本にも数多くみられる。（後述の全国のトチノキ調査の項参照）

滋賀県高島市朽木雲洞谷地区の「とちもち谷」については先にも述べたが、なんともトチノキの里らしい名前である。朽木では、昔から栃餅つくりが盛んで、雲洞谷地区や針畑地区では、年末や寒の頃によく作られていた。高度経済成長期以降、少し廃れたものの、近年、地域の特産品として新たな栃餅つくりが始まり、今も朝市や道の駅に栃餅が並ぶ。

栃の実食は全国にたくさんあるが、厳しい山村の暮らしを思い起こさせる救荒食のイメージが強い。江戸時代から明治の初めにかけてたびたび襲った異常気象による飢饉では、保存しておいた栃の実が人々の命を救った話が東北から中部地方にかけて多く伝わる。また、一方、耕作地が少ない山あいの地域では、栃の実から採った「コザワシ」（でんぷん）で粥を作り食べた地域も多い。中には、３６５日食べたという地域もあり、水田が少なく、ほとんど米のとれない地域では、栃の実が常食とされた。

一方、朽木では栃のコザワシなど粉を作ったという話は聞かないが、灰合わせをしてアク抜きした実を使った栃餅が長く食べられてきた。ただ、餅食であることから、どちらかと言えば、ハレの日（祭礼などの祝い日）の食べ物のイメージが強い。とは言え、昔は貴重な糯米のこと、栃の実と糯米の割合は、半々またはそれ以上というのは当然のことである。

栃の実の利用の方法や食する頻度は地域により異なるが、日本の多くの山村地域で暮らしを支える大切な木の実の一つであったことは確かである。

ところが、戦後、日本が経済成長を成し遂げ、山村の暮らしが改善される中で、栃の実に依存する暮らしは消滅し、トチノキと人々の距離は徐々に離れていった。また、燃料革命により家庭の台所から灰が消え、アク抜きがしづらくなったことも、トチノキへの関心、そして栃の実の利用が廃(すた)れていった遠因でもある。もちろん、林業が衰退し、都市部への人口流出によって過疎化・高齢化が進み、ますます山離れしていったことが根本にある。

放置されたトチノキの残材（滋賀県高島市）

朽木でトチノキの伐採が始まったのは、2009年（平成21）頃からである。県内の業者がトチノキを立木(りゅうぼく)で買いつけ、20本余りを伐採した。その後伐採範囲を広げ、巨木と水源をまもる会が問題提起をするまで、数十本が伐採され、さらに、契約がかわされた木も多数にのぼった。その後の聞き取り調査などで、朽木には150～200本程度のトチノキがあると予想していた。それからしても、このペースで伐採が進むと3～4年で朽木からトチノキが消失することになる。大きな危機感に襲われたことを今も思い出す。

私たちが「トチノキ伐採問題」と呼ぶ背景は、木地師が椀や盆を作ったり、木挽きが山で板に挽いて持ち出した頃とは、大きく異なる。今まで大切に守られてきた里山のトチノキ群生地を丸ごと買い占め、伐採した木はヘリコプターを使って集積し、大型トラックに載せ木材市場に出す。まさに、大量伐採、大量搬出である。伐採された木は、家具をはじめ住宅やマンションの内装材として、日本国内はもとより海外にも輸出される。しかも、伐採された木はすべて幹周３ｍを上回る巨木で、地域のトチノキの母樹に相当するものばかりである。

遺伝的にも多様な性質をもったトチノキの群生地が将来復活する根を断ち切る暴挙である。伐採された木は、下から数ｍごとに玉切りされ、横に張り出していた大枝は谷に放置されていた。伐採地は、無残にも裸地化し琵琶湖源流の森の喪失にもつながりかねない出来事だった。

2. 活動の理念

まったく現状の把握ができない中での伐採は、保全活動に参加する誰もが大きな不安を抱いた。当初、集めた情報を基に朽木内に生育する巨木の総数を推定し、当面の伐採に対する対応と、今後に向けた取り組みを考えた。そして、現地観察会から2カ月ほどが過ぎた頃、地元住民と高島内外の有志、森林組合や高島市がオブザーバーとなり、保全団体が立ち上がった。

先にも述べた「巨木と水源の郷をまもる会」は、単にトチノキ巨木の調査をするだけではなく、以下を目的に掲げた。

㋐森林の価値や機能を向上させる。

㋑山里の価値を高め、山村地域を活性化させる。

ウ森林と共生する暮らしや文化を再生し、次の世代に引き継いでいく。

具体的な行動としては以下の3つを柱に据えた。

①調査による現状の把握

②手立てを考えしっかりと保全

③地域活性化にむけたトチノキの活用

トチノキは地域の暮らしを支えるとともに、暮らしと生活の文化を育み、人々の心の支えにもつながる。トチノキ巨木の喪失は、「地域価値の減少」につながり、「地域再生の糸口を失い」ひいては「地域の衰退」につながりかねないと強く思ったからである。

複雑に入り組んだ谷の一つ一つに分け入り、源流を目指し調査を行った。谷の入り口はスギの植林に覆われているところも多いが、しばらく進むと広葉樹主体の森に変わる。薪炭林の名残をとどめる森の奥にちらほらと巨木が見え隠れする。株元まで行き、幹回りを測定し少し離れて樹高を測定する。V字谷の斜面にへばりつくように生育するトチノキの1本1本について調査を行う。さらに、枝の一つ一つに目をやり、葉のつき具合や枝の張り具合を確認していく。中でも、巨木に特有な着生植物は双眼鏡を使い幹の隅々まで目を凝らす。

樹齢数百年の巨木は、安定した環境が維持されてきたことから多くの着生植物が見られる。スギラン、クラガリシダ、ヤシャビシャク、さらに、ヒナチドリなどの貴重な植物も確認されていることは先にも述べた。（着生植物の項参照）

周辺の自然環境は、今後のトチノキの生育に重要な影響を与える。朽木では、トチノキの所有権

巨木と水源の郷をまもる会による調査の様子

がそのまま残されている場合が多い。広葉樹が伐採され植林が進む中に、トチノキの巨木が点在するのはそのためである。ただ、スギやヒノキ苗が大きく育ち、樹齢50年近くとなった今、植林地の中のトチノキが日陰となった環境の中で、枝葉の衰退も目立つ。

3. 調査後のさまざまな取り組み

(1)「栃の木祭」の開催

調査と並行して、滋賀県と木の所有者の間で保全に向けた協定書が交わされていった。2020年（令和2）現在、第三次の協定が進められている。一方、トチノキが伐採されてきた背景をしっかりと理解するとともに、トチノキと地域の暮らしを見つめ直し、地域とのかかわりを深める活動へと取り組みが進められていった。3本の柱の一つである「地域活性化にむけたトチノキの活用を考える」活動の一つとして、2012年（平成24）10月20日（土）・21日（日）の2日間、第1回「栃の木祭」が開催された。福井県と京都府との県境に近い高島市朽木中牧（なかまき）を会場に、トチノキ巨木見学ツアーをはじめ、針畑地域の暮らしぶりを見て体験するツアーなどが2日間にわたり開催された。人口わずか50人ほどの地域に300人を超す参加者が集まった。初めて見る巨木や巨木林が人々に感動を与えるとともに、残材が散乱する伐採地の惨状は参加者の心を締めつけた。

トチノキ祭は、その後、毎年秋の恒例行事となり、2019年（令和元）で8回目となる。また、最近は、地域で栃餅を作っている人たちも加わり、栃餅作りの伝承にむけた取り組みが精力的に進

められている

「今あるものはしっかり保全」、そして、「なくしたものは元に戻す」。保存と再生という、巨木の会発足当時の考え方は、下流域との共同による苗の育苗活動へとつながった。朽木産の実（種子）を採取し育苗、そして、植樹へと一貫した活動が続けられている。最初に植樹されたものは樹高２ｍを超える。

調査→保全→活用を３本柱に、三位一体の活動はその後も続く。現地調査による科学的な裏づけと根拠のある保全活動、そして、源流を思う人々の気持ちを形にする地道な活動が続けられている。どれを欠いても成り立たない、地域とトチノキと暮らしを守る活動である。

２０１９年５月26日、巨木の会にとって一つの節目を迎えた。会発足当時から目標としてきた伐採跡地の再生にようやく取りかかることができた。朽木での大きな伐採地はほぼ手つかずのままで放置されてきたが、地権者の了解を得て、ようやく実現した。トチノキが自生するところは傾斜も急で作業に困難や危険もともなう。「なくしたものは元に戻す」とはいうものの、多くの人による植樹には無理があり、今回は会員だけでの作業ということで実現した。急峻な斜面地で雪崩による植林地の崩落

「第６回栃の木祭」ちらし

やシカによる苗の食害など課題も多いが、少しでも自然の手助けができればと奮闘が続く。

啓発活動は非常に大切な活動で、高島市立今津図書館との共催で展示と講演会の開催などにも取り組んできた。また、トチノキの魅力とその役割について広く理解を深めてもらうために、トチノキ自生地へのガイドウォークも要望に応じて実施されている。さらに、大学生のフィールドワークなどにも取り上げていただき、巨木林での調査活動も行っている。

岩島谷での植樹風景

今津図書館の展示

(2) 苗木作りから植林

2012年(平成24)、トチノキ林の再生に向けて、苗木作りが始まった。ただ、朽木はシカやネズミの食害がひどく、苗木の育苗(いくびょう)は琵琶湖岸に近い針江(はりえ)で行うことになった。滋賀県高島市新旭(しんあさひ)町針江は琵琶湖岸に位置する湧き水が豊富な地域で、家々は清水が湧く「かばた」を備える。昔か

ら、飲用や洗い物などに利用されるが、その恵みは森にあると、源流への感謝の気持ちが強い。そんな下流で活動をする「針江清水の郷委員会」と上流で森づくりを進める「巨木と水源の郷をまもる会」がともに始めたのが源流の森つくりである。

朽木内で採取された栃の実と琵琶湖岸で採取されたオニグルミを発芽させ、２０１３年４月30日、針江の圃場で育苗活動が始まった。幼児から大人まで１００名余りが源流への思いをトチノキに込めて苗を植えた。そして、その後、２０１５年４月24日から、朽木いきものふれあいの里跡地での植樹を皮切りに、徐々に山地部、さらに伐採跡地へとトチノキの再生に向けた取り組みが続く。

朽木いきものふれあいの里跡地に植樹されたトチノキ

針江で源流の森づくりに向けた活動をするかたわら、自分でも育苗に取り組んでみた。「採り蒔き」（採った種をその場で蒔くこと）してもよいが、３月まで冷蔵庫で適度な湿気を保ちながら保存し翌春に蒔くことができる。トチノキは発芽率の高い植物である。１００鉢のポットを準備し、実（種子）を埋めておくだけで、ほぼ１００％近い実が発芽する。傷のあるものや動物の齧り跡のないものを選べば、育苗は比較的容易である。

4. 全国のトチノキ調査

滋賀県でのトチノキ調査と並行して、休みの日などを利用し全国各地へトチノキ調査に出かけた。そこで、現地調査に行く前に情報を集めようとしたが、思ったよりネット情報が少なく、結局、調査を予定している所に予備調査に行くところから始めた。まず、それぞれの県の中央図書館などに行きトチノキに関するさまざまな情報を収集し、そこで得た情報を基にさらに市町村に保管されている詳細な資料を調べた。地域の図書館やローカルな資料館にはネット情報にはないものも多く、思わぬ発見につながることがある。

また、時には、訪れた地域で自然やトチノキに詳しい人から直接話を聞く機会が生まれることもあった。ある時、温泉施設で栃餅が売られていたので、施設の人にいろいろ聞いていると、そこに居合わせたおばあさんが話の中に加わり、栃餅作りの話で盛り上がったこともある。またある所では、トチノキの生育地を聞く中で、「それでは、私の家のトチノキを見にくるか」ということになり、教えていただいたトチノキ林の調査に出かけたこともある。

とにかく、トチノキが自生し、栃の実利用の文化が残る地域では、誰もが雄弁で語り部となる。ある観光施設で栃団子を売る若い女性がいた。食べてみると、栃の香りが残るおいしい団子だった。食べ終わって団子について聞くと、祖母に教えてもらい作っているという。この時は、作り方まで聞けなかったが、これがきっかけで、私もその後、いろいろ工夫しながら自分で作るようになった。

栃団子（右下）

また、ある時、泊まった民宿でトチノキの話をしてみたら、冷凍庫に残っていた栃餅を出してきて、食べさせていただいた。この地域は、栃餅の中に塩を入れたり砂糖を入れたりする。栃餅は塩気を嫌うとよく言われるが、塩の聞いた栃餅もなかなかおいしいものだった。

栃の実利用は高度成長期にいったん廃れた時期もあるが、最近、地方活性化の一助になればと活発な利用がなされ、関心も高まっている。調査を通して、トチノキをめぐる地域の特性と生活文化をつなぐ人の熱意や思いにも触れることができた。まだまだ調査は緒についたばかりだが、生育地の様子、利用の実態や地域の人々の思いなども書き留めておきたいと思っている。

(1) 福島県・渋沢大滝近くのトチノキ原生林

トチノキ原生林として知られる、福島県南会津郡檜枝岐村にある渋沢大滝近くのトチノキ林は、トチノキとともにサワグルミやハリギリの巨木が繁る、きわめて原生状態に近い森である。このトチノキ林は、福島県と群馬県との県境付近で、燧ケ岳をはさんで尾瀬沼の反対側にある。

２０１３年（平成25）９月、檜枝岐村に宿泊し、国道３５２号を小沢平に行き尾瀬ケ原方面への登山道から入る。訪れたのは、ちょうどブナが茶色く色づく頃で、立派なブナ林の中を１時間ほど歩き、尾瀬沼との分岐にあたる渋沢温泉小屋から、トチノキ原生林のある渋沢大滝方面へと向かった。小屋を過ぎると登山者もなく、しばらく静かな歩行が続く。少しずつ谷を上流へと進むと、渋沢大滝に着く。周辺は、全体的に木のサイズも大きく、トチノキ、サワグルミが生育する渓畔林が広がる。

森は、紅葉真っ盛りで、林内は比較的明るくブナの樹皮が白く輝いていた。滝周辺は特にトチノキの植被率が高く、トチノキの原生林と呼ばれている。ただ、いわゆる里にあるような超巨木のトチノキを中心とした森ではなく、混生するいずれの木も大きく多様性のある森である。周辺には、オオバクロモジ、エゾユズリハ、ハイイヌガヤなど日本海要素の植物が多く、いわゆる日本海型ブナ林の中にある。また、林床はササを欠き、リョウメンシダ、ミヤマイラクサ、コタニワタリ、ジュウモンジシダが多い。トチノキ原生林を堪能した後、目を尾根方向に転じると、トチノキは徐々にブナに置き換わり、中腹以上は立派なブナ林となる。

この辺りには、トチノキを含め、ハリギリ、ホオノキ、カツラなどの巨木が多いが、周辺ではパルプ材としてブナなどの樹が伐採されていた頃、あまりにも山が深く搬出が困難だったことから残ったとされる。その結果、トチノキも伐採を免れたようだ。

(2) 長野県・軽井沢の「橡の林」

軽井沢に出かけたのは、堀辰雄の小説『美しい村』に出てくるトチノキを見るためである。「堀辰雄の小説『美しい村』の朗読をラジオで聞いていたら、「とちのきばやし」と言ってた」と、知人か

長野県軽井沢町・諏訪神社のトチノキ。背後の建物はヴォーリズ設計のユニオン・チャーチ

ら電話があった。堀辰雄の『美しい村』と言えば、静かな田舎町での日常を描いた小説じゃなかったかと、昔読んだ記憶がぼんやりとよみがえってきた。とは言え、昔読んだときにはまったく気にも留めなかった「とちのきばやし」だが、無性に興味が湧いてきた。翌日、早々に図書館で本を借りて読んでみた。とにかく早くトチノキの記述が見つけたいと、字面だけを目で追ったが見つからない。「美しい村」ではなかったのかと思いながら、もう一度読み返してみるとトチノキが「橡」の字で表現されていた。トチには栃、杤、橡などの漢字が当てられるが、「橡」はもともとクヌギを意味する漢字で、「栃」は和製の漢字である。

話をもとに戻すと、小説『美しい村』は、避暑地軽井沢を舞台に描かれた小説である。主人公の青年が一人の少女と過ごす毎日を、季節により移り変わる軽井沢の人や風景とともに描かれている。その中の散歩の途中に通るのが「橡の林」である。

軽井沢の駅に着くと、まず観光案内所に行き地図を手に入れた。外国人の避暑地として発展したこともあり、旧軽井沢地区にはたくさんの教会があり、小説に描かれた、「教会の横を通り橡の林を抜け……」の記述は雲をつかむようにも思えたが、ともかく、古い教会を探してみた。

そして、ようやく素朴で落ち着きのある1軒の教会を見つけた。当時、軽井沢で過ごす外国人が夏場を過ごす山の家として建てられた建物は、ウイリアム・メレル・ヴォーリズによるものだった。そういえば、戦時中軽井沢に疎開し、建築事務所があったのも、ここ軽井沢だったことを思い出す。トチノキは教会のすぐ裏手の諏訪神社に生育していた。現在は、トチノキの巨木が2本で、「橡の林」というには少々少なすぎるが、境内に残る朽ちた伐り株はトチノキのようだ。今あるうちの1本も幹は朽ち、かなりの老木であるが、昔は壮健で大きく横枝を広げ、立派な「橡の林」だったのかもしれない。

(3) 長野県・「贄川のトチ」

長野県塩尻市贄川にある「贄川のトチ」は長野県指定の天然記念物で、奈良井宿から少し北へ行った国道19号沿いにある。

集落のはずれに生育するこの木は、昔から地域の人々に親しまれていた大トチで、直径が3mを超える日本有数の巨木である。ただ、この木は大きさに加え、未だ壮健で樹形もすばらしい。生育する所は、奈良井川が作った段丘と山の斜面が接するなだらかな場所で、水分と肥沃な土壌に恵まれた立地である。また、周辺の地域では今も栃の実の利用の習慣があり、大切に残されてきたことがわかる。国道沿いにあることから、長野県での調査のたびに立ち寄り眺めてきた。秋に訪れた時は、実をむいた後の梨皮がうずたかく積まれていた。栃の実を拾う人がいることがわかる。

昔、12月に入ると、よく西表島（沖縄県八重山郡竹富町）に行った。ちょうどこの頃オキナワウラジロガシが実る。日本で一番大きなドングリで、ウズラの卵ほどの大きさがある。ある時、森に入りドングリ拾いをしていると、その一つが背中に当たった。樹高20mからのドングリの落下はかなりの衝撃だった。

これに劣らず、トチノキの落下も凄まじい。日本有数の巨木、贄川の大栃が豊作だった年に落下の様子を調べたことがある。少し離れた所から観察し記録した。この木はそばにある子供の木を除き、周りにトチノキがなく独立木である。少し離

長野県塩尻市贄川のトチノキ

れれば、ほぼどこに落ちても落ちたことがわかる。数えてみると15分間に38個の落下（音の数を含む）が確認できた。

(4) 長野県・「神坂神社の栃の木群」

長野県下伊那郡阿智村智里にある神坂神社の社叢林はトチノキの巨木が生育する林で、「神坂神社の栃の木群」の名で村指定の天然記念物となっている。トチノキが社寺に植えられ、時にご神木とされるものは時々ある。しかし、トチノキの巨木が生い茂る社叢林を見たのはここが初めてである。

智里にある昼神温泉から岐阜県との県境にあたる園原という地域へ向かうと古道東山道があり、ここから神坂峠に向かう途中に神坂神社がある。園原川に沿った渓谷に近い立地で、スギの巨木とともにトチノキの巨木が生い茂る。ちょうど本殿を取り囲むように7本のトチノキが生育し、

長野県阿智村・神坂神社の社叢林

そのうち５本は巨木で５ｍを超すものもある。一方、園原川沿いにもトチノキが自生するが、そう大きいものはない。

ただ、昼神温泉の朝市では栃餅が売られているものの、特に地域では積極的に栃の実を利用するという話もなく、栃の実がたくさん落ちていた。栃の実利用がトチノキの存続に作用することが多いが、ここでは、神域であったことでトチノキが残ったと考えられる。長野県の母樹林にも選定される。

(5) 岐阜県・春日のトチノキ林

岐阜県揖斐郡揖斐川町春日にあるトチノキ林は、滋賀県側からは伊吹山の稜線をはさんで東側にある。春日の笹又という地区から伊吹北尾根への道沿いにトチノキがあるという情報をたよりに調査に出かけた。それまでも、伊吹山への登山でたびたび来ていたが、なかなかトチノキ林まで、足が

岐阜県揖斐市春日のトチノキ林

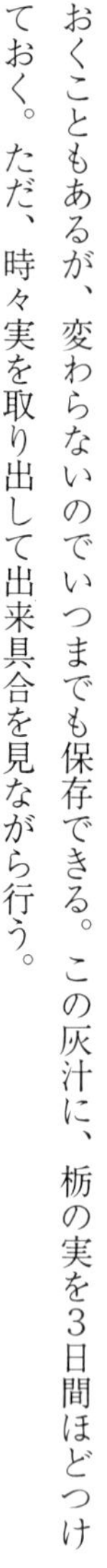

伸びなかった。

さざれ石公園から谷に沿って少し上流へと歩くと、左手の斜面にトチノキ林が広がっていた。川沿いにはケヤキが多く、谷の入り口が目隠しとなり、今まで気づかなかった。林内はほぼトチノキだけで、人の管理がいき届いたトチノキ林である。周辺はケヤキを含め、株立ちした木が多く、薪炭としての利用がなされてきたが、トチノキは選択的に残された。

この地域は、今も栃餅作りの習慣が残る。昔から栃の実拾いをし、アク抜きをしたものは粉にした。灰汁は、鉄なべで灰を煮て、その上澄み液で作る。作った上澄み液は、ペットボトルなどに保存しておくこともあるが、変わらないのでいつまでも保存できる。この灰汁に、栃の実を3日間ほどつけておく。ただ、時々実を取り出して出来具合を見ながら行う。

栃の粉

粉は、アクを抜いた実を蒸して少し柔らかくし、そのあと臼（うす）でついてつぶし、さらにふるいをかけ、粒の大きなものはまた搗き直して小さくする。粉になったら広げて干す。実の入ったものを好む人もあるので、粒入りのものもつくる。春日で作られる栃餅はアク抜きした実をそのまま乾燥したもので、コザワシのようにでんぷんだけではなく、味や香りがそのまま残る。

また、この地域では、トチノキが建築に使われることを知った最初の地域である。築150年ほどの民家を見せていただいたが、黒光りする天井や鴨居には見事なちぢみ杢（もく）が出ていた。栃粉を作る習慣、材を建築に使う習慣など、滋賀県にはない文化がある。古くから交流もあったはずだが、伊吹山をはさんだ山域に多様なトチノキ文化が残ることに驚かされた。

(6) 三重県・賀田町北山のトチノキ林

三重県尾鷲（おわせ）市賀田（かた）町の古（ふる）川上流には、多くのトチノキが自生する。古い土石流の跡と思われる巨石が谷を埋め、その中にも多くのトチノキが自生する。かつて、この辺りの山林は乱伐により荒果てていたため、紀州藩が山を復興させるため、クス、カヤ、ケヤキ、スギ、ヒノキ、マツに加えトチノキの伐採を禁じる留木（とめぎ）制度を設けた歴史を持つ。また、江戸時代の度重なる飢饉の時、救荒食として栃の実を食べたこともあり、戦後植林が進む中でも、トチノキを伐らずに残した。今も、上流の方を眺めてみると、ヒノキの植林地の中にトチノキが残っているのが見える。先にも述べたが、荒れた谷は当時の山の様子を物語り、山津波のすさまじさが想像されるが、その中にしっかりと巨石を受け止めるトチノキがある。おそらく、今以上のトチノキが渓谷沿いに自生していたと思われるが、上流部に残された木が母樹となり、その後のトチノキの繁殖につながったのだろう。

また、今も栃の実利用が盛んな地域で、地元のスーパーでは栃餅が販売されている。ただ、ここで見たアク抜きには少し驚いた。まだ、トチノキの調査を始めたばかりの頃で、灰に熱湯を注いで作った灰汁に実をつける「たらし灰汁法」もここで初めて見た。それだけではない、実はすべてスライスし、一度よく乾燥し保存しておいたものを使うのにも驚いた。福井県でも同じような方法があるが、実は皮をむくときに小さく砕いて使う。スライスすれば乾燥も楽で、保存するときの嵩（かさ）も

三重県尾鷲市賀田のトチノキ林

小さくなり便利だが、スライスするのは結構な手間がかかる。また、カビや動物による食害のリスクも高まる。比較的暖かく飢饉とは無縁だと思っていたが、水田や畑地が少ない地域では、トチノキへの依存度が増すようだ。

(7) 奈良県・「前鬼のトチノキ巨木群」

奈良県吉野郡下北山村前鬼にある「前鬼のトチノキ巨木群」は、修験道の祖、役の行者が開いた「大峯奥駈道」のルート上にある宿坊「小仲坊」から、少し山道を登ったところにある。奈良県指定の天然記念物で、樹齢２００年以上とされるトチノキが谷一面に生育する見事なトチノキ林である。ただ、周辺はスギの巨木群で、特別、トチノキに注目が集まることはなかった。下北山村の道の駅で栃餅が売られ、お土産に買い求める人もいるが、その背後に広大なトチノキ生育地があることは広くは知られていない。

最初、奈良県で一番とされていた奈良教育大学の奥吉野演習林から清水峰にかけてのトチノキを調査するつもりで奈良県へ行き始めた。ところが、目的を果たす前に、山の斜面が大崩落し、トチノキの巨木もろとも押し流されてしまった。そんな中、前鬼のトチノキ林の情報を得た。前日、民宿に宿泊し早朝から出かけた。国道を離れ、前鬼川に沿って作られた林道は狭いながらも走りやすく、1時間ほどで前鬼手前の車止めに着いた。ここからは、しばらく林道を歩く。途中、谷を埋め尽くすミツマタに見とれながら宿坊を目指す。やがて、前鬼の集落跡があり、なだらかな斜面に宿泊所の建物が見えてくる。

奈良県下北山村前鬼のトチノキ林

紀伊山地は近畿でも有数のトチノキの生育地である。中でも、大台ケ原をはさんで三重県側と奈良県側、さらに大峰山の周辺にはまとまった自生地が多く、栃の実利用の文化も色濃く残る。先にも書いたが、砂糖や塩を入れた栃餅は、この地域で初めて食べた。ただ、市場に出回るものではなく、自家用でそれぞれの家特有の作り方だとは思われるが、いろいろな食べ方があるなと感心させられた。

少し話はそれるが、三重県多気郡大台町大杉では、失敗なのか意図的なのかわからないが、栃の実入りの栃餅を食べさせてもらったことがある。栃の実は普通餅につくと、必ず実はつぶれ残ることはない。よく、中に粒が入った「とち煎餅」が売られているが、粒の正体はピーナツやアーモンドである。この時食べた栃餅は、苦味も渋みもない栃の実入りで、少しおつな餅で今も時々思い出す。詳しくは4章で述べることになるが、この地域はたらし灰汁によるアク抜きが主流で、この方法だとこのような芸当が可能となる。

さて、宿坊についてからは、しばらくスギの巨木の中を進むと、苔むした枯れ沢の奥に大きなトチノキが見えてくる。幹回り7mを超す巨木で、奈良県最大である。この辺りはなだらかで広がりのある枯れ沢で、まさにトチノキの聖地とも言える所で、先の巨木を筆頭にたくさんのトチノキが群生する。かなり奥行きのある谷で全域は調べられなかったが、7m代が1本、5m以上が3本、4m以上が5〜6本は数えられた。3m以上の巨木は谷の奥深くまである。過去には上流でトチノキの伐採があり、大水が出たことから今は大切に保護されているが、それでも、トチノキのサイズ、本数ともに、近畿最大級のトチノキ林である。

(8) 兵庫県・小長辿のトチノキ林

兵庫県北部の但馬地域は、兵庫県の面積の4分の1を占め、氷ノ山後山那岐山国定公園、但馬山岳県立自然公園、出石糸井県立自然公園などの指定地があるなど、自然豊かな地域である。標高700〜800m以上にはブナが生育しトチノキの自生も多い。中でも、氷ノ山周辺、蘇武岳周辺、神鍋山周辺、鉢伏山周辺、さらに、国指定天然記念物の大トチノキがある豊岡市畑上周辺にもまとまった自生が見られる。

兵庫県美方郡香美町の小長辿にトチノキ林があることを知り、出かけてみた。まず、車のナビで探してみるが出てこない。近くに行って聞いてみると、そこはすでに廃村となり、今の地図には地

兵庫県香美町小代区のトチノキ林

名が出てこないという。雪の多い山間の集落で、たびたび雪崩に見舞われ死者も出たことから、全員が村を離れ廃村となった。かつて村があった山麓斜面にお堂が建ち、背後にトチノキ林が広がる。トチノキ林が雪崩防止の役割を果たすことから、日本海側の多雪地域ではトチノキを主体とした森が今も残る。小長辿のトチノキ林は、県の天然記念物に指定される幹回りが9・6mの巨木「小長辿の大トチノキ」を筆頭に、斜面の中ほどまでトチノキが生育する。

　但馬地域は、手軽に行けるトチノキの見本園のようなところである。国道482号の「道の駅神鍋高原」から万場スキー場方面に向かうと天神社があり、ザゼンソウが自生する湿地のそばに、トチノキの巨木がある。幹周が8mを超す巨木で、大きさもさることながら、ケヤキが着生するちょっと変わったトチノキである。そこから、さらに、スキー場を横切り蘇武岳方面に向かう途中にも、トチノキ巨木林がある。

またこの地域は、今も栃の実の利用が盛んで、栃餅などの加工品はもちろん、年末になるとアク抜きした栃の実が町のスーパーに並ぶ。家の構造や生活のスタイルが変わり、灰が手に入らない家庭も多く、アク抜きは自分ではできない。とはいえ、懐かしい栃餅は家で作りたいという人たちが、よく買いに来ると聞いた。

調査を終え、道の駅へ行ってみると栃の実を使った商品が一つのコーナーを飾り、栃餅をはじめ、栃煎餅、栃飴、栃餅パン、栃ゆべしと所せましと並べられていた。トチノキを最大限に活かして、地域を盛り立てていこうという意気込みが感じられた。

(9) 高知県・「さおりが原の巨人たち」

２０００年（平成12）４月、林野庁は「森の巨人百選」を公表した。それまで、１９８８年（昭和63）に環境庁は「緑の国勢調査」の中で巨樹・巨木林の調査を行い、１９９１年（平成３）「巨樹・巨木林調査報告書」としてまとめているが、社寺林や里地が中心で奥山の巨樹についてはあまり記載がない。一方、「森の巨人百選」は、林野庁が管理する国有林など、奥深い山での調査に基づくもので今までにない巨木が多数掲載されている。その中には、広葉樹の巨木が23種51本記録され、トチノキはカツラにつぐ多さでブナより多い６種が選定されている。

その中の１本が、高知県香美(かみ)市の三嶺(さんれい)を源流とする物部(ものべ)川の支流、上韮生(かみにろう)川上流の「さおりが原」にあり、イヌザクラとトチノキの２本を「森の巨人」と名づけて選定している。

林野庁設置の看板

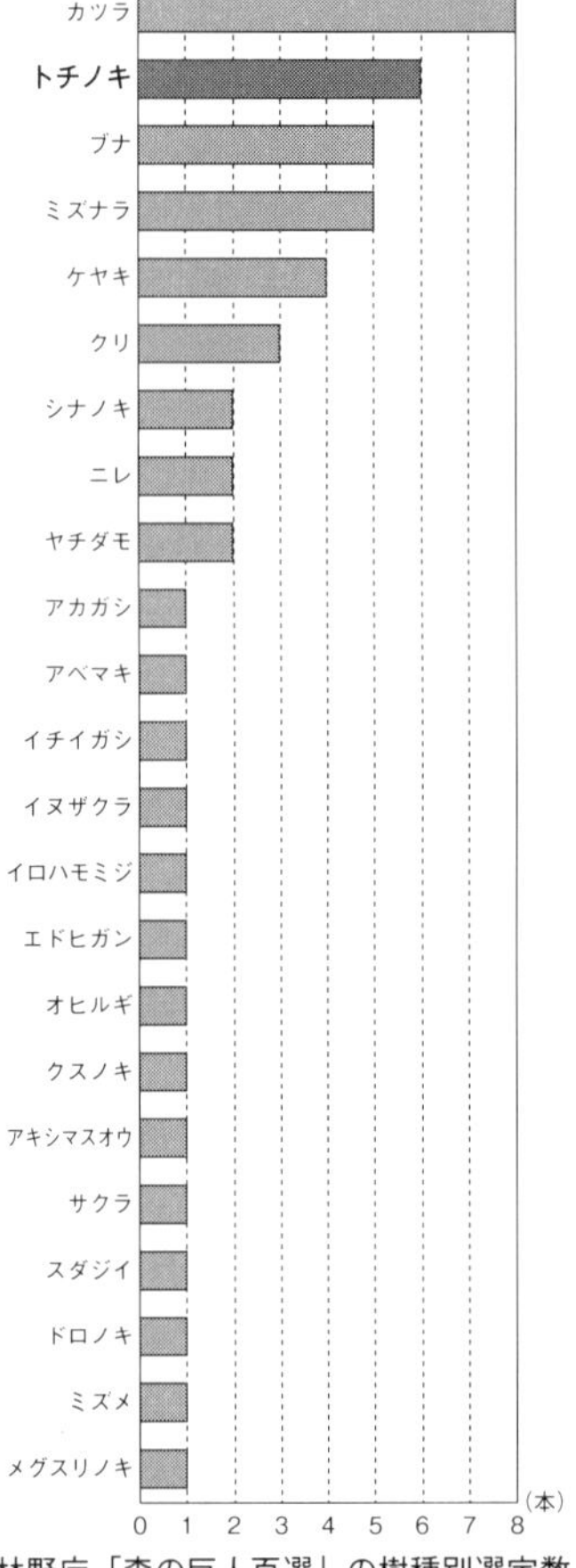

林野庁「森の巨人百選」の樹種別選定数

さおりが原は、林野庁が指定する「西熊山植物群落保護林」に隣接する地域で、四国山地の秀峰剣山に連なる三嶺、西熊山稜線の南に位置する。モミ、ツガなど暖温帯の植物からブナ、トチノキ、ハリギリ、サワグルミなどの冷温帯に至るさまざまな植物が自生する、多様性の高い山域である。

高知駅前でレンタカーを借り、国道195号を物部川に沿って上流へと遡る。途中から国道を離れヒカリ石登山口方面に向かう。ヒカリ石登山口には休憩所があり、案内看板がある。以前はさらに林道を進み、さおりが原の近くまで車で行けたが、

高知県香美市「さおりが原の巨人たち」

今はここから現地に向かう。途中見事なツガの森を通り、1時間余りでさおりが原に着く。最近は、どこもシカの食害がひどく、ウラジロモミには金網が巻かれ、さおりが原には獣害ネット取りつけ用の支柱が運び込まれていた。

ここから三嶺方面への登山道を進むと、ごつごつとした岩が散乱する沢のそばに「森の巨人たち百選」の看板があり、幹周4・79mのトチノキの巨木がある。また、周辺は見事なトチノキ林となるが、本州のトチノキ林とは少々雰囲気が異なる。標高はすでに1200mを超えるが、モミ、ツガ、ケヤキ、ヒメシャラ、カエデ類が多く、本州でよく見るブナ帯のトチノキ林とは森林の構成種が違う。巨木からさらに上流部は枯れ沢となり、4m以上のものが10本ほど確認できた。

トチノキ全国巨木リスト　７m以上（筆者が現地調査および文献を基に作成。すべてを網羅しているわけではない）

No.	名　称	推定樹齢	幹周(m)	樹高(m)	所　在　地	指　定
1	太田の大トチノキ（大道谷のトチノキ）	推定 1300 年	13.00	25.0	石川県白山市白峰	国指定天然記念物
2	脇谷のトチノキ	推定 1000 年	11.90	25.0	富山県南砺市脇谷	国指定天然記念物
3	赤岩のトチ	推定 1300 年	12.40	20.0	長野県長野市七二会丁戌	市指定天然記念物
4	熊野の大トチ	推定 300 年	12.20	30.0	広島市庄原西城町熊野字大畑 630	国指定天然記念物
5	赤崩沢のとちのき	不明	10.50	20.0	長野県飯田市上村下栗赤雪崩沢	
6	君尾山のトチノキ	推定 1000 年	10.40	23.0	京都府綾部市五津合町大ヒシロ１番２光明寺	府指定天然記念物
7	岩谷のトチノキ	推定 300 年	10.00	35.0	福井県南条郡南越前町岩谷	森の巨人
8	贄川のトチノキ		9.80	32.9	長野県塩尻市贄川	県指定天然記念物
9	奥川並のトチノキ①		9.80		滋賀県長浜市余呉町奥川並	
10	助台の大トチ	不明	9.70	30.0	山形県最上郡大蔵村肘折助台	
11	小長辿の大トチ	推定 500 年	9.60	27.0	兵庫県三方郡香美町小代区大谷 1049	県指定天然記念物
12	姥の栃		9.45		山梨県山梨市牧丘町柳平	
13	新屋のトチノキ	不明	9.20	25.0	兵庫県三方町新屋	町指定天然記念物
14	踏出の夫婦トチノキ	推定 600 年	9.00	35.0	富山県下新川郡朝日町寝入谷	
15	出尻の栃の木	300 年	8.70	10.0	長野県木曽郡木曽町新開町組	
16	大木の栃の木	500 年以上	8.70	不明	長野県上松町大木	町指定天然記念物
17	特になし	不明	8.70	25.0	石川県石川郡吉野谷村中宮　途中谷	
18	七飯の大トチノキ	300 年以上	8.60	25.0	北海道亀田郡七飯町桜町 685	
19	天神社の大トチノキ	推定 350 年	8.50	35.0	兵庫県城崎郡日高町万場　天神社	県指定天然記念物
20	見倉の大栃	500 ～ 800 年	8.48	25.0	新潟県中魚沼群津南町大字秋成字秋山国有林 305 林班ろ小班	森の巨人
21	末沢の大トチノキ		8.40	30.0	山形県最上町末沢	
22	日影のトチノキ	不明	8.40	30.0	山梨県北杜市須玉町比志字下平 4932-1	県指定天然記念物

24	高沼八幡宮のトチノキ	推定500年	8.20	15.0	富山県南砺市利賀村高沼	
25	桑島の大トチ		8.15	19.0	石川県白山市桑島	
26	余呉のトチノキ		8.11		滋賀県長浜市余呉町（位置は非公開）	
27	大沼の栃	数百年	8.10		愛知県北設楽郡富山村 現豊根村字富山	
28	大谷の大トチ	500年以上	8.07	29.0	滋賀県高島市朽木雲洞谷	村指定天然記念物
29	臼坂のトチノキ	不明	8.00	34.0	岐阜県飛騨市河合町角川　板屋弥五郎宅内	県指定天然記念物
30	トチノキ	不明	8.00		鳥取県八頭郡若桜町　氷ノ山仙谷コース	
31	田戸のトチノキ①		7.80		滋賀県長浜市余呉町田戸	
32	渡原の大栃	約500年	7.70	31.0	富山県南砺市渡原	市指定天然記念物
33	稗田のトチノキ	300年以上	7.40 (7.10)	22.0	岐阜県大野郡白川村長瀬稗田　浄楽寺	県指定天然記念物
34	奥川並のトチノキ②		7.40		滋賀県長浜市余呉町奥川並	
35	菅名岳の大トチ	300年	7.40	25.0	新潟県五泉市大字菅出字三五郎山 国有林87林班う2小班	森の巨人
36	古屋奥爺谷のトチノキ	不明	7.40	46.0	京都府綾部市睦合町古屋	
37	今庄のトチノキ	推定400年	7.30	20.0	福井県南条郡南越前前岩谷	
38	能家の大とち	推定400年	7.20	25.0	滋賀県高島市朽木能家	
39	畑上の大トチノキ	不明	7.20	20.0	兵庫県豊岡市畑上	国指定天然記念物
40	特になし	不明	7.20	40.0	静岡県駿東郡小山町上野	県指定天然記念物
41	平家平のトチノキ	400年以上	7.20	26.0	福井県大野市巣原　平家平	
42	前鬼の大トチ	不明	7.20		奈良県下北山村前鬼	
43	余呉の大トチ	不明	7.13		滋賀県長浜市余呉町（位置は非公開）	
44	田戸のトチノキ②		7.07		滋賀県長浜市余呉町田戸	
45	田戸のトチノキ③		7.05		滋賀県長浜市余呉町田戸	
46	平良の大とち	推定400年	7.00	25.0	滋賀県高島市朽木平良	
47	特になし	不明	7.00	30.0	長野県岡谷市湊六町　鉾枝神社	市指定天然記念物

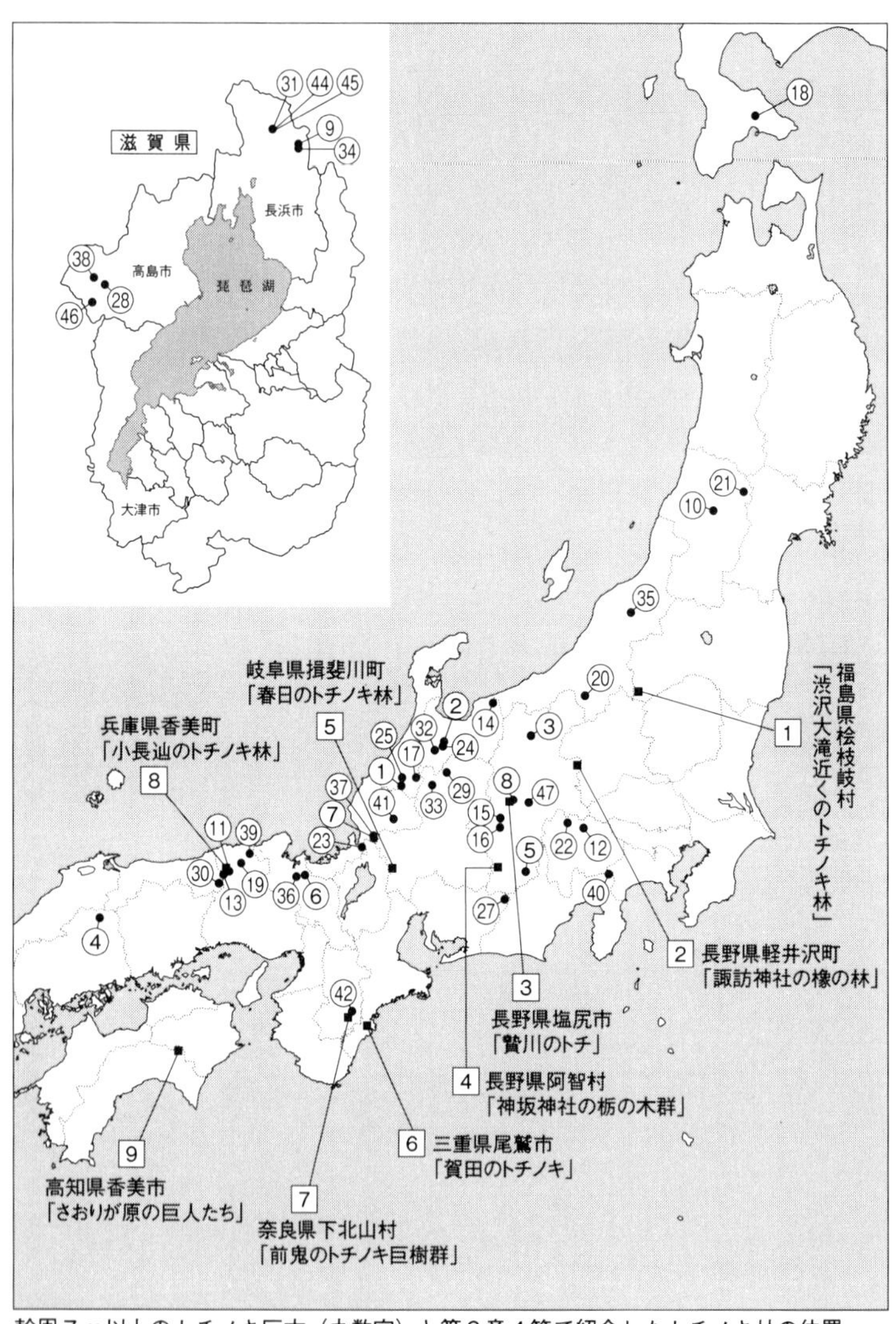

幹周7m以上のトチノキ巨木（丸数字）と第3章4節で紹介したトチノキ林の位置
（位置が非公開のものは記載していない）

第4章　トチノキと暮らし

1. 葉の利用

昔は、何かにつけて、植物の葉を利用した。よくあるのは、大きさを生かして物を包む利用方法だ。今も、端午(たんご)の節句の頃になると、店先に「柏餅(かしわもち)」と書いたのぼりが立つ。普通売られている柏餅は、カシワの葉が利用されるが、地域によってはサルトリイバラ、ナラガシワの葉もよく使われる。いずれにしても、ある程度の大きさのある葉が使われ、地域によって手に入りやすいものが使われる。三重県尾鷲(おわせ)市賀田(かた)町で「オサスリ」という名で売られている餅は、サルトリイバラを利用する。植物の葉の利用には、抗菌や防腐、また、包み込むことで空気との遮断などの役目もある。

海なし県の山間地だが、高島市朽木は、古来、若狭(わかさ)・小浜(おばま)で獲れたサバを京の都に運んだ「鯖街道(さばかいどう)」（若狭街道）が通り、昔から「鯖のなれずし」が作られ地域の特産品となっている。昔、針畑(はりはた)地区では漬け込んだサバの上にトチノキの葉を敷き詰めたという。トチノキの葉は、強い抗菌作用があることからカビの防止になる。今も身近にトチノキはあるが、時代の変化でラップ（食品包装フィルム）を使う。豊かな先人の知恵は、いつしか便利さの前で陰をひそめてしまったようだ。

同じ朽木での話だが、昔、春の五月(さつき)に田んぼに持って行く昼食として、ホオノキの葉に包んだきな粉ごはんを懐かしく思い出す人も多い。主にホオノキの葉が使われるが、同じような使い方でトチノキの葉も使われた。また、トチノキの葉におにぎりを包んだという話も聞いた。大きく包みやすく、抗菌・防腐作用があり、なによりも身近にトチノキがあったことがこのような利用につながったのだろう。

さらに、昔はさまざまなものが本来の食品や嗜好品の代わりを担った。戦時中、トチノキの葉をたばこの代用としたり、刻んでたばこの増量とした話は全国にある。

埼玉県秩父地方には、「つとっと」（「つつっこ」とも言う）と呼ばれる、トチノキの葉に糯米を包んで煮た（蒸すこともある）柏餅に似た食べ物がある。

ちょうど、食品が腐りやすい田植えや蚕のエサとする桑伐りの時期に保存食としてつくられた食べ物だ。滋賀県にはこのような利用はないが、試しに作ってみた。トチノキの葉の一番大きなものをとり、糯米と炊いた小豆をトチノキの葉で包む。それを藁や竹の皮でしっかりと結び、30分ほど煮ると、澄んだ水が褐色に変わるとお湯から上げ、冷まして食べるとおこわのような食べものとなる。トチノキの香りを期待したが、特にトチノキ特有の味や香りはない。むしろ、大きな葉の利用から生まれた食べ物のようだ。

「つつっこ」の中に入れる糯米と小豆

煮たあとの「つつっこ」

2. 実の利用

考古学者で縄文時代のトチノキやドングリの実の利用を明らかにするために、全国の木の実の利用を調べた渡辺誠氏（名古屋大学名誉教授）によると、東日本から西日本の多くの地域で栃の実が利用されてきたことが明らかになった。栃の実は、昔から米の増量材や飢饉の時などの救荒食とされ、数十年くらい前までは特に珍しい食べ物というものでもなかった。ただ、その起源は縄文時代にまで遡る。滋賀県でも、琵琶湖の粟津湖底遺跡（大津市）からはおびただしい量の栃の実の皮が見つかっている。

この遺跡は、縄文時代中期のものとされるが、すでに西日本でもアク抜きの技術が広まっていたことを示唆する貴重な発見だという。縄文時代中期といえば、東日本では広く落葉広葉樹の森が広がり、琵琶湖周辺にも落葉広葉樹の木が生育し、さまざまな木の実類が比較的簡単に採取できたと思われる。そして、食料保存用の貯蔵穴をもった大規模集落も形成され、栃の実利用がますます進んでいった時代とされる。

それから現代まで、耕作地が少ない山間地や気候の厳しい地域では栃の実が食の中に根づいていった。中には、365日栃を食べたという地域もあり、いわゆる日常食として、ソバやヒエ、アワなどとともに大切な食品とされた。それから、そう大きな変化もなく、人々は昔からの製法を受け継ぎ、ほんの少しの知恵と工夫を加えながら栃の実食を続けてきた。

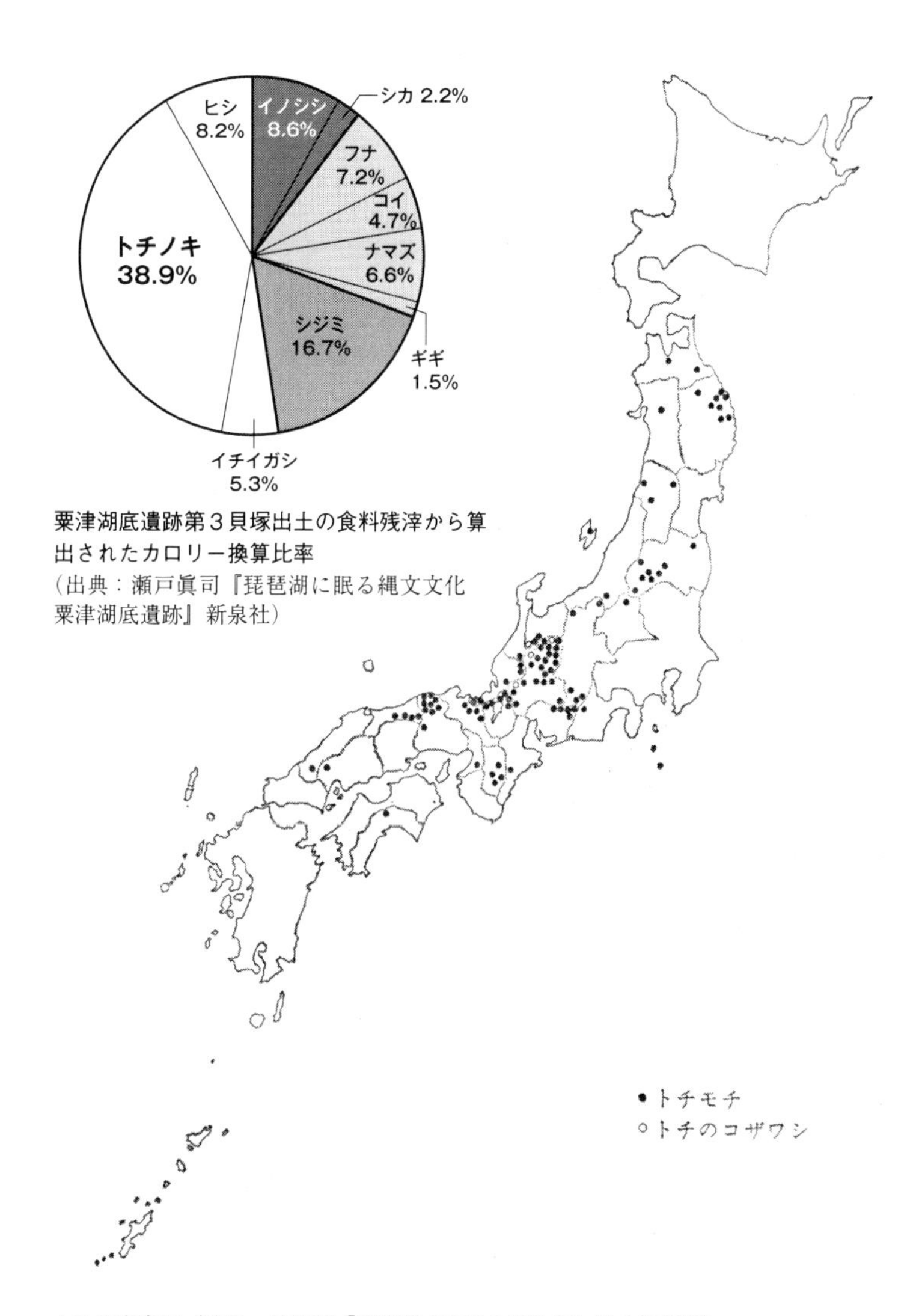

粟津湖底遺跡第３貝塚出土の食料残滓から算出されたカロリー換算比率
（出典：瀬戸眞司『琵琶湖に眠る縄文文化　粟津湖底遺跡』新泉社）

トチの実食図（出典：渡辺誠『増補縄文時代の植物食』雄山閣出版）

昔は、どこの家でもたくさんの栃の実を保存していた。米や雑穀さえも収穫が少ない地域や飢饉に備えての蓄えとされる。天保、享保年間の飢饉が厳しかった地域などは、日ごろから蓄えを怠らなかったであろうし、滋賀県内の朽木や余呉でも日常の食料の一つとして、大叺（莚2枚で作った袋）に何俵も保存していたという。縄文時代から始まり、実に数千年、栃の実利用の技と習慣が連綿として受け継がれてきた。

全国のトチノキを見て歩く中、道の駅やみやげ物店を覗いてみると、栃の実を使った商品がたくさん並ぶ。中でも、栃餅が多いが、栃ゆべし、栃飴、栃の実パイ、さらに、栃餅を加工した、おかきやあられなどもある。さらに、栃の粉を使った、栃団子、栃そば、栃うどんも作られる。昔ながらの、栃羊羹、栃煎餅は今も山里の味として故郷を思い起こさせるとして喜ばれる。さらに、栃カステラ、栃ケーキ、栃ジェラート、栃の実コーヒー、栃の実を練り込んだ生クリームと時代に合わせた商品も開発されている。最近は、ペースト状のものや粉末も手に入りやすく、食品の基材ばかりでなく添加物としての利用も広がる。「ふる里」や「山の恵」を売りにしたみやげ物として、欠かすことのできない食材でもある。

一方、栃の実利用の盛んな地域では、地元のスーパーでアク抜きした栃の実が売られていることがある。面倒なアク抜きを省いて家庭で栃餅を作り、親戚やふるさとを離れた子供たちに届けるために買い求める人も多いと聞く。

とち飴

とちの実煎餅

ジェラート

栃モンブラン

とちみたらし団子

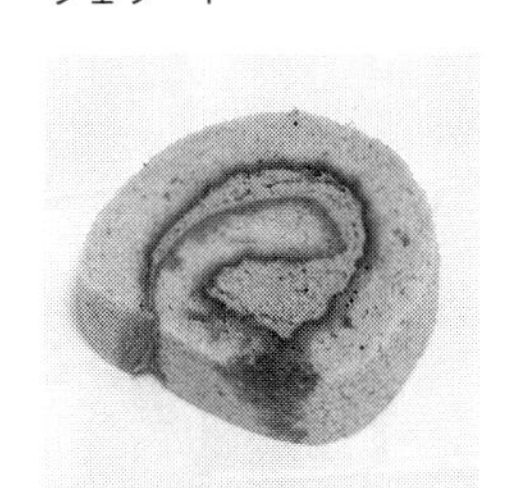
トチクリームのロールケーキ

栃餅（左）と朴葉餅（右）

とち蒸しパン

栃餅入りのあんぱん

全国各地で販売されている栃の実を使った商品

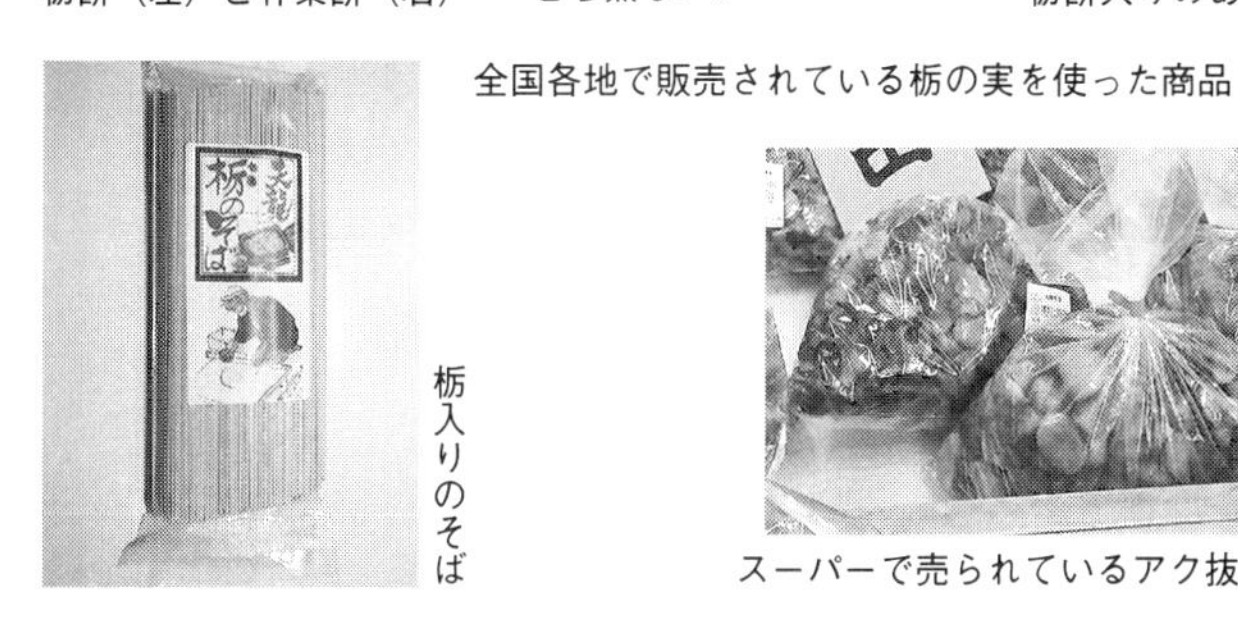

栃入りのそば

スーパーで売られているアク抜きした栃の実

3. 栃餅ができるまで

栃の実から餅をつくるまでには、多くの工程がある。昔から「熟練のいる複雑な作業」「素人には難しい」「手が違うとうまく作れん」「何回作っても同じものができない」など、栃餅つくりの難しさ、大変さを語る言葉も多く聞かれる。その一方で、「失敗したことがない」「誰でも作れる」などという地域があるなど、話はいろいろだ。それぞれ、親から子、姑（しゅうとめ）から嫁へと伝承され、大変さも楽しさも伝えられてきた。

40年余り前、滋賀県立朽木いきもののふれあいの里に勤務していた時、イベントで栃餅つくりに取り組んだ。その時目指したのは「家庭で手軽にできて、しかもおいしい栃餅のつくり方」である。その中で、栃餅作りに関するさまざまな疑問を整理し、解決していくことを目指した。

その場に集まった、栃餅作りに挑戦しようとする人が持っている疑問の多くは、アク抜きに関するものが多い。当時の資料を基に整理してみると、次のようになる。

Q1　家ごとにアク抜きの方法が微妙に違うのはなぜか？
Q2　カシ類の灰でアク抜きをした栃餅も、ナラ類でアク抜きをしたものも味は変わらないのか？
Q3　セイヨウトチノキで作ったものも、日本のトチノキで作ったものも味は変わらないというが、栃餅の味は実が大切なのか、それとも、灰が大切なのか？

Ｑ４　湿った灰はダメ、使うときは炒ってから使うのはなぜ？
Ｑ５　なぜ、堅木（木材が堅固なカシ・ナラ・クヌギなどの広葉樹）の灰がよいとされるのか？
Ｑ６　スギやマツの灰ではだめなのか？
Ｑ７　いい灰でアク抜きしたものは、ピリッと辛いというが、どういう意味か？
Ｑ８　粉食は水さらしのみでよいが、栃餅にはアク抜きが必要なのはなぜか？
Ｑ９　灰は新しいものがよいという人と、古いものがよいとする人もいる。どちらが正しいのか？

当時、栃餅つくりはまだまだ始めたばかりで試行錯誤の連続だったが、よく話を聞かせていただいたのが、山下利一さんである。栃餅保存会（栃餅組合）を立ち上げた一人で、コップ酒を飲みながら、さまざまな話を聞かせていただいた。ある時、ふれあいの里のイベントに来ていただき、参加者の前で私との対談という形で、お話を聞かせていただいたことがある。その時の話は録音し、テープ起こしをしておいた（次ページから掲載）。今も時々読み返し、朽木の栃餅作りの神髄に触れている。

あれから、全国のいろいろな所で話を聞いた。少しずつ謎解きできたものもあるが、まだまだ当時の疑問がそのまま残るものもあり、現在も試行錯誤がつづく。ただ、かつて抱いていた、「素人には到底作れない」というふうには思わなくなった。誰にでも作れる方法があることもわかってきた。ただ、栃の実の利用は長い時間といくつもの工程を経る。どの工程にも意味があり経験も必要だ。また、灰や大量の水を必要とするような場面があるなど、現在の都市生活者にとっては環境的に難しいところがあるのも事実である。

栃の実対談

1993年（平成5）12月11日
会場：グリーンパーク想い出の森 多目的広場
話し手：山下利一（栃餅保存会）
聞き手：青木繁（滋賀県立朽木いきもののふれあいの里）

青木　栃餅。今日食べてもらいましたが、最近は高級品ですね。非常に貴重です。買ったら高いです。だけど、栃の実そのものは、決して高級品でも貴重品でもないということです。終戦当時とおっしゃったけど、昔は栃の実を食料不足の時にお米の増量材として食べていたんですね。これから山下さんに、栃の実のことをいろいろお聞きします。まず、山下さんに栃餅のつくり方をご紹介していただきます。

山下　最初ね、山から拾ってきますでしょう。

青木　だいたいいつ頃ですか。

山下　9月10日頃ですね。9月10日が旬です。9月5日頃から落ちて、20日頃で終わりというような状態です。ところが、トチノキというものは、水の清い所しかできませんので、ここらの山には絶対にありません。朽木で言いますと、村井というところがありますやろ。それより入口にはありません。山奥から谷を歩いたり、山を這（は）ったりして運んできます。

青木　山下さんは今、どこにお住まいですか。

山下　雲洞谷です。
青木　ここから車で何分くらいかかりますか。
山下　25分くらいです。
青木　そこから山に入るんですね。
山下　だいたい林道のついている所から入って、近い所で30分、遠い所で1時間ほど歩かんとあかん。道はありません。
青木　そうすると、だいぶ山奥にいかないと栃の実はないということですね。
山下　そうです。里には絶対なりません。木はあってもなりません。大人が3人くらいで両手を広げてやっとぐるりを囲めるような太い木がたくさんあります。何百年と経ってます。
青木　すると、9月10日頃に山に栃の実を採りに行って、そこから栃餅作りが始まるんですね。
山下　山から栃の実を拾って来まして、栃の実というものは虫のつきやすいものでして、3日ほど水に漬けます。それを今度は天日で乾燥させるんです。大体1か月から1か月半。乾燥が悪いと片づけたときにまた虫がつくんです。虫がついたり、カビがはえたりします。十分乾燥させせんとだめです。乾燥がうまくいけば3年や4年置いても大丈夫です。11月でも乾燥させてます。
青木　天日でしょう。すると今年の実は食べられないのですか。
山下　今年のもやってます。ある程度は乾燥してないとだめです。採ってきてすぐはできません。
青木　なんでですか。昔からそうしているんですか？
山下　昔からです。だいたい栃餅は、昔は2月の寒の水を使って作りました。普通は、乾燥させて貯蔵ですけど、その貯蔵というのはアクがうまく抜けないという理由もあって。それと長持ちするように十分乾燥させるんです。それからいよいよ乾燥させたやつを餅にします。いついつに餅を搗かんといかんならんというようになれば、この乾燥したやつをまた、いったん水につけるわけです。元に戻すんです。

青木 水につけるとはどうやって。

山下 はじめは、実と皮が離れてます。ところが乾燥したやつは、そのまま皮をむきますと堅くて、パリパリ実が割れてしまいます。これは、10日ほど水に漬けたものです。

青木 これはもとの形ですね。

山下 そうです。

青木 今日、お渡ししたやつは、あれは乾燥してるから、カリカリですけどね。本当はこんなやつです。

山下 そして、これを水に10日ほどつけます。今お湯を入れましたでしょう。これは皮が柔らかくなるようにお湯につけたんです。

青木 だいぶ柔らかくなってますよね。ぜんぜん違う。爪が立ちます。皆さんに渡したやつは、カチカチで爪もたたない堅いものです。

山下 こういうぐあいにした状態で、「栃へし」という道具を使って皮をむきます。

青木 「栃へし」の「へし」はどういう意味ですか。

山下 へす、潰すという意味です。「へしゃぐ」という方言もあるでしょう。これで潰して皮を取ります。

青木　それじゃ、ちょっと、実演をしてもらいます。皆さんもいっぺんやってみてください。やってみたい方は前にどうぞ。

［実演］

青木　いつ頃からこの道具使っているのですか。

山下　もう大昔から使ってます。それとね、たたいてやる者もいます。

青木　これは、山下さんとこ、独特のものですか。

山下　独特です。

青木　すると家によってこの栃へしも違う。

山下　だいたいよく似てます。

［実演］

青木　金槌（かなづち）が出てきました。金槌でたたくという方法もあるんですね。

［実演］

青木　これは、まだ渋は抜けませんよね。物は試しだから、いっぺん食べてみてください。食べるものだから。１個は無理ですよ。耳かきの先ぐらいを味わってください。

［実演］

青木　力任せにやってもうまくいかないということですね。ずらしながら、この道具も調整できますよね。うまくずれるように。やっぱりちょっと力もいるみたいですよね。

［実演］

青木　これを1個ずつやるんですよね。今日あれだけの栃餅を搗く準備としては、大変な手間ですね。今、やってもらっているのはただ、たたくだけとは違って、ねじってね、むくような感じで。力任せにどんどんやるというのは無理なようですね。そういうふうにして皮がむけました。その後は。

山下　この皮のむけたやつを今度は、3日ほど流れ水で晒（さら）すんです。これを川につけときますとね、ごっつい泡が出ます。それがアクです。ぶくぶくして出るから。それから、また3日ほどして、それを今度は釜（かま）の中に入れて3時間から4時間煮沸（しゃふつ）させるんです。そうして沸騰させたやつを、今度はいよいよアク抜きですが、湯をいったん捨てて、新しいお湯を入れる。65℃から70℃、70℃以上だったら具合が悪いです。灰と合わせた時に栃の実が溶けて減ってしまってないようになります。その温度が一番難しいです。低くても具合が悪い。

青木　その温度はどうやって測るんですか。

山下　私らは慣れてますから、手をつけたらわかります。最初は寒暖計で計っていました。そして、灰ですね。これからアク抜きするんです。その灰も、普通の木ではうまくいきません。何べんも私らもやりましたが失敗ばかりです。ナラとかカシ、あるいはクヌギとか、固い木でなかったらあかんのです。堅い木の灰でしたら絶対大丈夫です。私らは、今、静岡の焼津というところで、カツオを薫製にしてかつお節を作るためにナラを燃やしたものをもらってきてやってます。それが手に入るようになるまでは苦労しました。山に入って毎日毎日、一昼夜かかってドラム缶で木燃やしたけど、とれたのは1斗缶1杯ほどでした。それだけの灰がとれたら上等です。それでは間に合いません。いろいろ問い合わせて、農協さんのお世話で焼津まで行って現場を見せてもらって、これなら大丈夫というので、現在手にいれてます。

青木　灰が問題ですよね。私も今までに苦い栃餅を食べさせてもらったこともあります。失敗ですよね。あかん木なんかありますよね。

山下　クリだとかマツやスギはいくらでもとれますが、そんな灰は絶対あきません。苦いものができたり、あるいは食べられません。口の中にくっついて、柔らかくて、切っても、だらだらとくっついてどろどろ。灰が悪いとそういうふうな餅になります。

青木　しかも灰は大量に使いますよね。正直、普通の家庭で灰を作って栃餅作ろうというのは非常に難しい話です。1回に、山下さんとこでつくるのに灰はどれくらい使いますか。

山下　1斗缶で8杯。

青木　1回で8杯でしょう。

（中略）

山下　そしてね、この灰でアク抜きするんです。これが、今アク抜きしている状態です。この中に栃の実が入っています。

青木　みなさん、触ってみてください。この中に栃の実があります。

山下　栃の実もありますやろ。

青木　この灰の中に栃の実が入っていました。食べるのいや？　でもこれが大事なんで、この灰が実は苦味を消してくれるんですね。

山下　必ずしっかりと洗って灰を落とします。これで餅をつきます。

青木　栃の実と灰をまぜるでしょう。栃の実と灰の割合を教えてもらえませんか。

山下　栃の実1升に灰2升。だいたい倍の灰がいるということですね。かりに1升の栃の実をアク抜きするとするでしょう。どのくらいの量の餅がつけるかというと、だいたい1升で3升搗きぐらいですわ。上手にできてそれくらい。もしやり方が悪くて暑い湯だとか、灰が多かったりしたら、これは、半分（の栃の実）になります。それに、こんなに堅くはなりません。丸こうなっています。小さいものになっています。そこが、一番難しい。

青木　ということで、本当に並大抵の苦労じゃないようですね。

山下　とにかくね、いついつ餅にしようかと思ったら、15日前からかからんとできません。

青木　朽木では今も栃餅を作る家がありますか。

山下　私ども集落は、自分使いは正月にはします。

青木　以前2年間ほど朽木に住んでいたことがあります。その当時は結構2月の寒の水で作っておられました。年に1回くらいしか作ってなかったような気がしたんですけどね。

山下　だいたい昔は年に1回でした。寒の内じゃなかったらできないですね。しかしながら、私どもは年中やってます。ある程度研究しました。夏にあんまり熱くしたらあきません、

青木　夏は難しいですか。

山下　夏はやっぱり55℃ぐらいでやらんとあかんな。

青木　そこらへんが研究の成果ですか。

山下　なかなか難しいところですな。何もかもそうですけど、何回も失敗せんことには成功せんということです。それはもう私ども何回も失敗しました。どうやらこうやら、今は手加減でいけるようになりましたけど。何百回とやらんことには慣れません。

青木　最初にご紹介しましたように、栃餅組合の代表としてやっておられますが、何年前に始められたのですか。

山下　だいたいね。私らが今年で8年目です。結束して始めた頃、うちの集落で25人おったんです。そのメンバーが、1人減り2人減りして、現在7名でやってます。

青木　滋賀県の中で、栃餅をきちんと栃の実で、そして、昔ながらの製法で作っておられるのは山下さんとこしかないですね。お菓子屋さんで栃餅売っていますけど、あれはセイヨウトチノキの実を使っている場合がありますね。

山下　アク抜きも、炭酸とか石灰なんかで。

青木　ざっと説明してもらいましたが、何か質問ありますか。

質問1　灰は何回使えますか。

山下　1回です。

質問2　米の代わりとして粟（あわ）や稗（ひえ）など、雑穀類を食べることはなかったですか。

山下　そういうものはなかったです。ご飯に入れるというのもなかったです。

質問3　工場はありますか。見学できますが。

山下　してもらえます。知事さんも来られて、栃餅を食べて帰られました。

質問4　灰でアク抜きをするとおっしゃったでしょ。どれくらいでアクがぬけますか。

山下　半時間あったらアクが抜けます。温度は65℃が基準です。夏はそんなに熱くしたらあかん。30分ほどしたら熱い湯がさめますやろ。そうしたらアクが抜けます。

質問5　栃の実はどれくらい採ってこられるんですか。

山下　力の強い者やったら相当背負うてきます。若い者なら背負いながら拾えます。ただ、背負うてくるのに難儀します。

質問6　どこで拾われますか。

山下　うちの山の奥にいったらどこでもあります。

質問7　いつ頃拾えますか。

山下　だいたい9月の5日からぼちぼち落ちかけます。ところが、針畑というブナ林のあるところは10日ほど遅れます。奥ほど遅いです。

質問8　どんなんが落ちてくるんですか。

山下　栗は毬(いが)がありますよう、栃の実は梨によう似た姿で落ちてきます。山によくあるヤマナシによく似た感じで落ちてきます。梨皮と言うて。それをむいては実だけを取ってきます。ただ、実だけになって落ちてくる木もあります。それはごく一部です。たいがいは皮をかぶって落ちてきます。

質問9　ほかのドングリはそういうことはされるのですか。

山下　私らはそれはやったことはありません。あれも食べられるとは聞いていますけど。でも、あれは小さいので、手間がかかって採算があわんのと違うやろうか。

質問10　リスやサルは食べませんか。そんな動物に出会われませんか。

山下　よく出会います。なんぼでも出会います。イノシシは食べますし、クマも食べます。それから、カモシカもよう食べます。実のある下にはそうゆう獣の足跡や糞ばっかり。だから、落ち始めの時はそんな動物が食べるから、ほとんどないけど、最中になってくるとどんどん落ちてくるから、なんぼでも拾えます。なり年やと、１本の木で食べきれんほど落ちるから。私ら、俵に直して言うとるんやけど、まあ、３俵から４俵（１８０～２４０kg）、それくらい落ちますから。

質問11　1年にどれくらい拾われるんですか。

山下　私とこで、12～13俵（７２０～７８０kg）です。乾燥したもので。

質問12　ようけ拾われますね。

山下　そりゃ、何百本てあります。わたしとこの集落で、２００本か３００本はありますやろ。

質問13　山の高さはどれくらいありますか。

山下　まあ、登り始めからで５００～６００ｍくらい登っているんやないやろうか。

質問14　どんなところに落ちているのですか。

山下　そんな簡単なところに落ちていません。

質問15　クマもいるでしょう。

山下　クマもいる。わたしら何べんも出おたことある。それで、鈴をつけていくんです。チンチラチンチラ鳴らして。

青木　今年は、食べるところだけ皆さんにやってもらいましたが、来年は、実を拾いに行って、アク抜きもやってみたいです。また、機会がありましたら、ぜひご参加ください。これで、今日の栃餅作りの講習会は終わります。

（その後、山下利一さんの技術は山下家のお嫁さんへと受け継がれている。）

(1) 実がなるまでに15〜20年

「庭に植えたトチノキがなかなか実をつけない。いつになったら実をつけるのですか」。ときどきそんな質問を受けることがある。よく知られたことわざに、「桃栗3年、柿8年」があるが、一般に果樹が結実するまで数年の歳月が必要である。このことわざによると、柿は8年ほどしないと実はならないということだが、トチノキは、10年たってもなかなか実をつけない。

トチノキを庭に植えている知り合いに聞いてみても、15年から20年はかかると言う。滋賀県立朽木いきものふれあいの里（2013年3月に廃館となり、建物は取り壊されるが、トチノキは今も健在）には、太さ30㎝ほどのトチノキが1本ある。1999年（平成11）頃に植栽されたが、5年生苗を植えたと考えると、20年余り経つ。4年ほど前から花が見られるようになったが、なかなか実はならず、ようやく2年前から成長のよい一部の木で、ポツリポツリと実をつけるようになった。ただ、若木では実はできても完熟することは少ない。

ふれあいの里のトチノキ（2013年廃館）

朽木西小学校の校庭には、樹齢30年余りのトチノキがあり、たくさんの実をつける。朽木てんくう温泉に通じる道沿いにも30本ほどのトチノキが植えられている。地面は乾燥気味で、地味もなく余り成長はよくないが、３年ほど前から、ポツリポツリと実をつけている。植栽の年代は平成15年で、樹高が３・５m程度ということだから、樹齢はふれあいの里と同じで20年余りとなる。実生（種から芽を出して生長したもの）か挿し木か、さらに、土質、水分条件の良し悪しにもよるが、だいたい、15年前後で開花結実が始まり、条件がよければ20年くらい経った頃から、小さなざるに１杯程度の実がなる。ただ、花が咲いても、雄花ばかりの場合があったり、たとえ受粉し結実しても、途中で落下する実も多く、やはり20年以上でないと十分な実は拾えないようだ。

長野県南部の飯田市上村下栗には、「栃を伐る馬鹿、植える馬鹿」ということわざが残る。天にも続く農地を耕し、厳しい自然環境の中で暮らす人たちにとって、栃の実は重要な食料源であった。そんな地域でさえ、トチノキは植えても実がなるまでに数十年はかかり、植えることは愚かなことだという戒めを込めて、このような言い伝えが残る。

(2) 栃の実拾い

高島市朽木雲洞谷（うとうだに）地域や針畑地域の60歳以上の人にとっては、栃の実拾いは誰もが持つ思い出の一つである。トチノキには早生（わせ）と晩生（おくて）があり、8月下旬頃から落ち始める木がある一方、9月下旬に熟す木もある。おおよそ9月10日から20日あたりがピークとなり、昔は、1日に50kgか100kgは拾ったという。

地域によっては「栃の口」があり、村人が一斉に栃の実拾いをしたところもある。長浜市余呉町のようにトチノキ林が共有地となっている場合は「栃の口」の取り決めがある。一方、朽木のように多くのトチノキが個人の持山に生育するところでは、このような取り決めは少ない。持山に5～6本あれば相当な量が拾えたということなので、現在確認できた巨木の本数500本だけでも、100軒ほどの世帯で十分な栃の実が拾えたことになる。

トチノキを山で拾う時に使う道具が、手籠（てご）である。蔓（つる）で編んだ籠（かご）で、籠の目はやや荒く、川で洗った実も水切りができる。蔓はアオツヅラフジやオオツヅラフジ（丈夫で長持ちし、しかも、時間がたっても目が痩（や）せずにしっかりしている）で編んだ籠が多く（岐阜県ではスゲを使う）、使う人にあわせて作る。拾った実は、柿渋を施した麻袋に入れて持ち帰るが、谷道を背負って降りるのは大変な重労働だった。

実ができる年数に達すると、年々結実数は増えていく。基本的に隔年結果で成らない年があり、天候不順により不成り年が続くこともある。ただ、ブナ科の樹木に比べると地域のほとんどの木が

ツヅラテゴ

沢の窪地に溜まった栃の実

同調し不成りになることは少ない。地域のどこかの谷で、実をつける木がある。トチノキの遺伝子解析をされた金子優子氏（当時、滋賀県環境センター）によると、トチノキには4タイプがあり、朽木のものは他の地域にはない多様性が見られるというが、結実の情況にも多様性が見られる。

大きさにより実の呼び方が変わる。小さなものを「マメドチ」と言い、採取の効率が悪いことから、敬遠される。反対に非常に大きな実もある。

(3) 虫出し（虫止め）

採取した栃の実は、年により蛾（が）の産卵が多いことがある。そこで、持ち帰った実を水につけ「虫出し」をする必要がある。つける時間は1日程度でよいが、長く水につける場合は溜り水だと実の腐敗が進行する。井戸水が利用できるようなら、水を出しっぱなしにしながらつける。水につけてしばらくすると幼虫が水面に浮かんでいることがあり、実には穴が見える。虫の産卵は年により違いがあり、豊作の年は少なく、不作年には多い。

この虫出し作業にともない、浸けた実をきれいに洗うが、この時大量の泡が出る。植物に含まれるサポニンによる泡で、昔は洗剤の代わりとして利用したこともあったそうだ。

(4) 乾燥

昔から、乾燥には大変な苦労があったようだ。まず、拾った日に分けて桶に入れ、乾燥状態の異なるものはできるだけ一緒にしないようにして干す。外に出し天日で十分乾燥させるが、作業は霜の降る頃まで続いたという。時雨の多い地域のこと、ほんの少しの晴れ間でも、筵を広げ外に出した。

また、雨が降り続く日は、特に大変だった。囲炉裏の上に吊るした「アマ（天）」の下に、「アブリコ」という底を竹で編んだ入れ物をいくつも吊るして、そこに栃の実を並べた。栃の実は十分に乾燥したものは虫もつかず何年も保存できるが、乾燥が悪いとカビが生えたり、虫がついたりする。

今は、市場で取り引きされる実を購入する人が多いが、雲洞谷や針畑では、たまに農家の軒下に栃の実が干されているのを見かける。

実の乾燥を少し特殊な方法で行ってきた地域がある。三重県尾

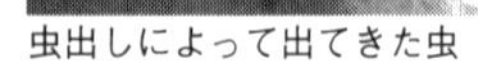
虫出しによって出てきた虫

虫出しのようす

栃の実の乾燥

鷲市賀田町では、実を拾ってきたらすぐに皮をむき、厚さ数㎜にスライスして乾燥させる。乾燥は楽だが、スライスするのは大変だし、はたしてどれだけの期間保存できるのだろうかと心配になるが、この地域では昔から続けられている。

乾燥する時も、ただ外に出しておけばいいというわけではない。常に実を裏返すなどの作業が必要で、天候が不順だと時間もかかる。少し油断をしていると、乾燥の段階でカビが生えることがある。ただ、少々のカビは問題にはならない。栃の実は乾燥していく段階で、皮と実が密着し、カビは表面だけに留まる。白いカビがでたらぬぐい去り、また干せばいい。余談だが、ドングリはそうはいかない。実と皮の間に隙間ができ、実そのものがカビてしまう。

(5) 保存

昔は、十分に乾燥できた栃の実は袋に詰め、ツシと呼ばれる屋根裏に保存した。合掌造りでは、ここをアマといい、滋賀県湖西や北部では、アマは囲炉裏の上にかける棚を指す。滋賀県高島市今津町椋川で、登録有形文化財の民家、旧栗田家住宅主屋を都市と農村の交流施設として整備した「おっきん椋川」は、中2階のある3階建ての立派な建物である。2階以上には窓がなく、すっぽりと萱に覆われる。断熱と湿度調整機能抜群の萱葺き屋根と、夏でも囲炉裏を焚いたという昔の暮らしぶりが、栃の実の利用を後押ししていたということだろう。

昔から、保存しておいた実は古いものから使う。保存期間が10年かそれ以上と言われることもあり、ツシにはたくさんの栃の実が保存されていた。何かにつけ、古いものから使うというのは物を大切にする生活の知恵でもあるが、地域によっては「新栃はダメ」とその年に採れたものは避けて使わない。ただ、新しいものを使う地域もある。

気象条件の厳しい山間地で飢饉の際の救荒食として、ツシにはたくさんの蓄えがあった。朽木で古民家が取り壊された時、ツシからたくさんの栃の実が見つかった。30年かそれ以上経ったものと思われる栃の実だったが、試しに作ってみようということで餅にされた。とてもおいしい栃餅が作れたと聞いた。

少し科学的に長期保存された実について考えてみよう。調査によると、サポニンの量が年とともに減少することが知られている。グラフのとおり、1年でサポニンは3分の2に減少するので、古いものから使うというのは物を大切にする生活の知恵でもあるが、食べるのに厄介なサポニンが少なく、アク抜きにおける失敗の軽減とおいしい栃餅つくりにも役立っていたようだ。

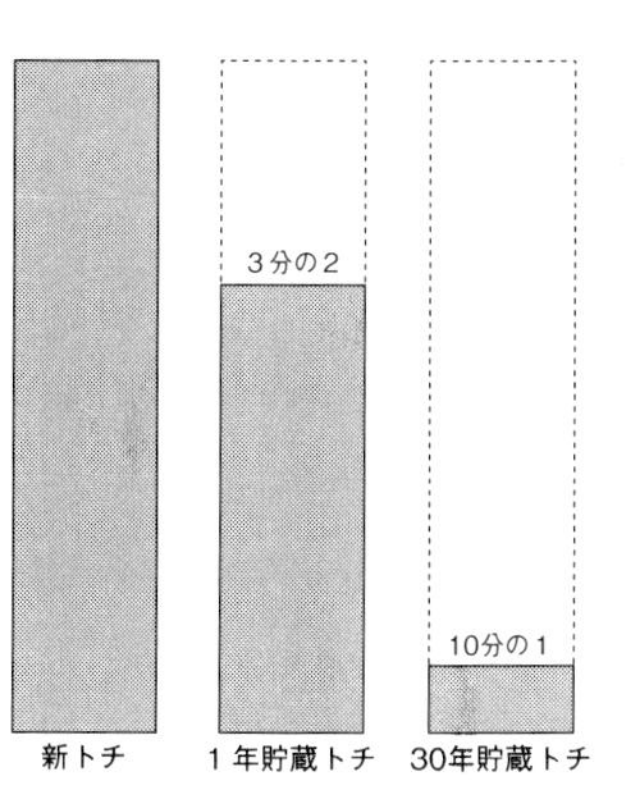

貯蔵期間によるサポニンの減少
（岩田久敬「栃実飼料の調整法」を参考に作成）

(6) 皮むき

栃餅つくりの中で、一番手間のかかるのが皮むきである。

栃の実の皮は、皮むき器を使ってむく。２本の木を重ね合わせ、一方は適度な上下左右方向に動くように紐（ひも）などで結び、間に実を置く台をつくる。実をむく時は、２本の木の間に栃の実を挟んで押しつぶすように押す。大きさや形は作る人によりそれぞれ工夫がなされ、持ち手の長さもまちまちである。

使い方にもコツがある。力まかせに押さえつけてつぶすのではなく、挟んだ実に力を加えながらひねるようにすると、皮に亀裂が入る。慣れると作業の効率もよく、なかなかの優れものである。

滋賀県高島市朽木では、栃の皮むき器を「とちへし」という。「へす」がなまった「へし」は、栃

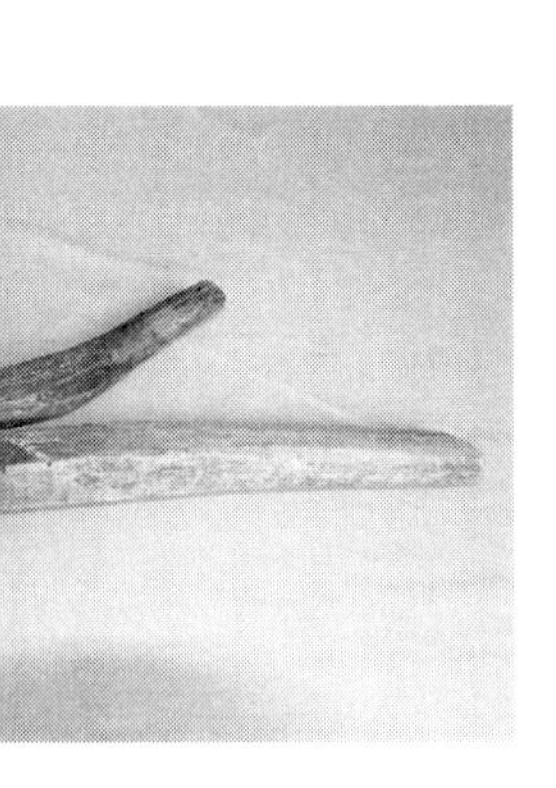
栃の実の皮むき器

の実の皮むきの様子をうまく表した名称である。ヘス（圧す）は、押しつぶす、押さえつけるの意で、栃の実を押しつぶしながら皮をむく。ただ、もう少しつけ加えると、ただ押しつぶすだけでなく、微妙なタイミングと力加減を駆使しながら実と皮をはがすのである。

　この道具は、大正期頃から使われ出したといわれるが、構造は全国どの地域もよく似ている。今は、２本の木をつなぐ先端の可動部分の素材が、針金、ボルト、ビニールひもなどに変わったが、昔は、丈夫な木の皮などを使ったそうだ。材質は固いクリの木がよいとされるが、リョウブ、ネジキなどもよく使われる。栃の皮むき体験実習をしようとしていた時、事前に皮むき器を見た地域のお年寄りが、実習がはじまるまでのわずかな時間で2つほど作り上げた。適当な材があれば制作はそう難しいものではなさそうだ。先にも述べたように、道具の構造は２本の木の間に実を挟み、押しながらひねる動作ができればよい。時代とともに工夫されながら、自分にあったものが作られてきたのだろう。

　現在、栃餅作りを仕事としてする人たちには、金槌を使う人も多い。金槌の大きさ、重さ、柄の長さを工夫すれば、その方が早いようだ。次から次へと、自分の手を打つことなく器用に皮をむく。石川県白峰で、大きなトチノキの臼の角に実を乗せ、金槌で割るところを見せてもらったが、椅子に座りながらの作業で長続きすると感じた。縄文期の木の実利用の様子を想像して描いた絵をみていると、石皿に木の実をのせ石で叩き潰すようすが描かれている。さまざまな木の実の粉砕などに利用された石皿と敲石（たたきいし）は各地の遺跡から出土している。木の実の粉砕や調理に使われたようだが、栃の実の加工にも使われたようだ。

先にも書いたように、昔から皮むきはなかなか面倒な作業だった。地域の人が集まり「結（ゆい）」をつくって作業をしたり、近くの親戚や子供も手伝い、総出でむいたとする地域もある。夜なべ仕事の一つであったと振り返る人もいる。また、女性がこの仕事を担うことが多く、夜になると近所の女性が集まり、世間話に花を咲かせながらむいたとも聞いた。一種、楽しいひと時だったのかもしれない。また、皮むきの忙しい時期になると、皮むきの上手な人は近所から呼ばれ、引っ張りだこの忙しさだったとも聞いた。

皮むきの時に使われる道具に「テンドリ」がある。鉄瓶（てつびん）の一種で、昔はいつも囲炉裏の上にあり、湯が沸いていた。高島市朽木古屋（ふるや）で聞いた話だが、このテンドリに栃の実を入れ、柔らかくなったところで、皮をむいたそうだ。昔は、何かにつけ鉄の鍋など鉄製の物が使われるが、栃の実のタンニンが鉄と反応し栃餅独特の渋色を出すのに一役買っていたのだろう。

テンドリ

皮むき器の全国各地の名前

滋賀県高島市朽木と近くの同市今津町椋川（むくがわ）では、栃の実の皮むき器のことを「トチヘシ」と呼ぶが、全国には、アングリ、クネリ、トチクジリ、トチオシ、モジリなどいろいろな呼び名があり、しかも、同じ地域でも違った名前で呼ばれたりもする。とはいえ、どこか似たところがあり、使い方や作業の様子、道具のつくりなどの特徴をとらえながら、名づけられたことがうかがえる。岐阜県揖斐（いび）郡徳山（とくやま）村は1987年、徳山ダム

栃の実の皮むき器の各地の名称

名称	地域
アングリ	兵庫県城崎郡日高町（現、豊岡市） 愛知県北設楽郡豊根村富山
オニコロシ	栃木県
クジリ	岐阜県吉城郡宮川村（現、飛騨市）
クネリ	岐阜県吉城郡上宝村（現、高山市）
クメリ	岐阜県益田郡小坂町（現、下呂市）
グリグリ	岐阜県揖斐郡徳山村（廃村）
クワイ	三重県多気郡大台町大杉
ゴネリ	福井県大野市下打波
ゴンジ	岐阜県郡上八幡市
トチオカワヒネリ	富山県南砺市相倉
トチオシ	奈良県吉野郡上北山村和田 新潟県刈羽郡朝日町（現、柏崎市）
トチクジリ	岐阜県大野郡白川村
トチクネリ	岐阜県大野郡清見村（現、高山市）
トイクリ	新潟県刈羽郡朝日町（現、柏崎市）
トチコジリ	三重県、奈良県吉野郡十津川村
トチネジ	岐阜県揖斐郡徳山村（廃村）
トチノカワヒネリ	富山県南砺市相倉
トチハギ	奈良県吉野郡十津川村
トチヘシ	滋賀県高島市朽木・今津町椋川
トチムキ	岐阜県揖斐郡徳山村（廃村） 奈良県吉野郡上北山村 新潟県村上市奥三面（廃村）
トチワリ	奈良県吉野郡上北山村
ネジ	岐阜県揖斐郡徳山村（廃村）
ネジキ	岐阜県揖斐郡徳山村（廃村）
ヘシ	広島県安芸郡太田町筒賀
モジリ（ムジリ）	新潟県秋山郷（中魚沼郡津南町）

の建設にともない廃村となった村である。この徳山村の民俗資料を集めた「徳山民俗資料収蔵庫」（岐阜県揖斐市藤橋）には、たくさんの皮むき器が収められている。これだけの皮むき器が一同に展示されているところは他にはなく、つけられたラベルには、その材質も記されている。

皮むきは大変な作業だが、クリも事情は同じで、農業見本市に出かけた時、クリの皮むき器を扱う業者のブースに立ち寄った。その時、栃の実はまだ試したことがないということだったので、一度試してもらえないかと話をしたら、ぜひやってみたいということで、さっそく実を送った。そもそも、クリのようないびつな実でもむける機械なので、丸い栃の実は比較的簡単にむけるということだった。試作した栃の実の画像を送ってもらったが、2つに割れているのもあったが、おおむね上々の出来栄えだった。その後いただいた年賀状に1台売れたと、お礼が添えてあった。

徳山資料館に展示されている大量の皮むき器

(7) 水さらし

栃の実には、サポニンやアロイン、さらに、タンニンなどの苦味物質が含まれ、そのまま食用にすることはできない。皮むきを終えた栃の実は、しばらく流水にさらして、十分なアク抜き作業が必要である。ただ、ここで抜けるアクは、タンニンなどの水溶性物質が主で、サポニンやアロインなど非水溶性のアクはこの後に行う灰による中和作業が必要となる。

昔は、柿渋を染み込ませた麻袋に実を入れ、谷川につけておいたそうだ。袋が流されないように、袋の口をひもで縛り、そのひもを石や木などに結びつけ、10日から2週間はつけておく。水道水でもできないことはないが、水を出しっぱなしにすることはできず、やはり豊富できれいな谷水が便利である。さらに、秋から冬にかけての作業が理想で、気温の高い時期に行う時は、水温にも注意が必要だ。水温が高いと腐敗が進む。

福井県大野市下打波の水さらし池

やはり、水道水では、思い切った作業はできない。単に水にさらすという簡単な作業だが、この段階でのアク抜きは重要で、山間地の豊富な谷水が決め手となる。この時の水さらし作業ほど、豊かな山の自然環境をうらやましく思う時はない。

福井県大野市下打波（しもうちなみ）は農地が少なく、かつては、３６５日栃の実を食べたとも言われる地域である。県道１７３号線を大野市から刈込池（かりこみいけ）方面に向かう途中にある集落で、積雪期は通行止めとなるが、今も家は残る。道の両側に家があり、山側斜面にはケヤキやトチノキを主体とした雪崩（なだれ）防止林が広がる。この雪崩防止林の下部や谷部には立派なトチノキが生育し、地域の人がここで栃の実を拾った。現在、

1年通して暮らす人はほとんどいないが、山菜の時期とトチノキが実る頃、家に戻りアク抜きなどの作業をする。

この集落には、コンクリートで作った立派な「みずさらし池」が、各家に設けられている。谷からの水を引き込み、アク抜きに必要な豊富な流れ水が確保されている。この池の中に、袋につめた栃の実を沈め、位置を変えながら水さらし作業をする。コンクリートでできていることから、作られたのは遠い昔の話ではないが、1年を通して栃の実を食べようとすれば、水さらし場は必要不可欠な設備である。

縄文時代の遺跡から水場の遺構が見つかることがあるが、下打波の水さらし池がその延長線上にあるとしたらと考えると、縄文時代がぐんと近づいてくる。

(8) アク抜き（灰合わせ）

アクを抜く（渋を抜く）ことは、灰とあわせることであり、「灰合わせ」とも言われる。灰と栃の実を混ぜたり（「からみ灰汁(あく)」や「ねり灰汁」とも言われる）、灰に熱湯を注いで作った液に漬けたり（たらし灰汁）して、サポニンを中和し食べられるようにすることである。サポニンは、エゴノキ、ムクロジ、サイカチなどさまざまな植物に含まれる有毒物質で、界面活性作用により水と油脂分を仲立ちし、昔は石鹸(せっけん)として利用された。栃の実を川につけると、白い泡がたくさん出るが、この白い泡がアクである。

水に十分さらした栃の実は、水さらし前の実に比べ、苦味は格段に少ない。少しかじってみると

滋賀県高島市朽木の「からみ灰汁」２種。左が「かけ灰」、右が「煮灰」

そのままでも食べられそうに思うが、不溶性のサポニンやアロインなどの有害物質はまだ残る。水さらしだけで食用となるドングリに比べ、少々面倒な食べ物とされる所以（ゆえん）である。日本各地にアク抜きの方法が伝承されているが、そのほとんどは灰と合わせる。灰合わせの善し悪しで、栃餅の出来栄えが左右されることから、この灰合わせの方法は地域により、また、各家により少しずつ異なる。特に秘伝と言うわけではないのだろうが、隣近所でも方法が異なる。親から子、姑から嫁へと伝承され、さらに、各人の工夫が加えられ現在まで続く。

事例①〜④は、栃の実を灰と直接混ぜる「からみ灰汁」という方法と、灰に熱湯を注ぎ、抽出した液につける「たらし灰汁」という方法によるものである。

滋賀県高島市朽木地域ではすべてが「からみ灰汁」で「たらし灰汁」はない。ただ、「からみ灰汁」も、大きく2つの方法で行われる。1つは、「かけ灰」で、もう1つは「煮灰」という方法である。かけ灰は、水さらしした栃の実に熱湯をかけ（3回かける人が多い）、その後、灰と実をからませながら湯を加え温度を調節して、1日程度置く。煮灰は、柔らかめに練った灰の中に実を

福井県大野市下打波の「たらし灰汁」

入れ、沸騰する程度まで熱して、少し保温を施し1日程度置く。一般に煮灰は実の歩留まりが悪く、かけ灰は実の減り方は少ないが、アク抜きが不十分となるリスクがある。それぞれに一長一短あり、微妙な経験と慣れが必要となる。

ただ、アク抜きの成否は、方法以上に灰の質と量によるところが大きい。一般に堅木と呼ばれる、ブナ科の樹木の灰がよく使われる。ただこれも地域によってまちまちで、サクラ、ヒノキ、スギ、ケヤキ、ウバメガシ、ミカン、ナシ、ソバ、栃の実の皮なども使われる。鳥取県で「ナシの木」がよいとする地域があったり、三重県では「ミカンの木」、富山県で「スギの枝生葉」が使われる所があったりと、地域の特色が出る。考えてみれば、地域に身近で手に入りやすいものを使うのが、ごく自然なことなのかもしれない。

また、灰量も重要で、実の1・5倍から2倍の灰が必要とされる。量が少ないとPHが下がり、十分な中和ができない。さらに、「長く囲炉裏などに溜まっていたものほどよい」と言われたりすることがある。何度も焼かれることで粒が小さくなり、比重が増すことで、結果的にたくさんの灰を使ったのと同じ効果が得られるのだと考えられる。

また、アクが強すぎると減り方が多くなるので、少しヒノキなどの針葉樹の灰を混ぜるという地域もある。さらに、食い灰汁（あく）と言われる2回目の灰合わせに、ソバ殻（がら）の灰を使う所もある。全国、

アク抜きの事例①
たらし灰汁法

場所：奈良県吉野郡上北山村西原
年齢：70歳前半女性
聞き取日：2016年5月6日

・トチノキにまつわる話は分からない。
・つくり方はお姑さんから聞いた
・栃餅つくりよりコンニャクつくりの方が難しい（固まらない）※灰汁を使用
・トチノキの実は共有林で拾う。
・自由に取りに行く。早い者勝ちなので、みんな朝早くから行く。

実を拾う

↓

水につける……虫出し

↓

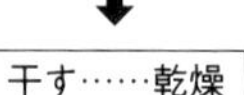

干す……乾燥　・からからになるまで乾燥させる

↓

干してあった実を湯につける

皮をむく　・とちむき機（おばあさんの代からある・明治時代）

↓

砕く……1/4程度

水さらし

オニアク（常温）　・ピリピリする灰汁　・オニアクにつけると色が黄色くなる（初めは白い）

2～3日 ↓

水さらし

時間等特にない ↓

クイアク（常温）　・薄い灰汁　・あまり長くおかない

↓

アク抜き終了
・アクをぬいた実は洗わずそのまま使う
・アク抜きができたかどうかは、ご飯の上にのせてつぶして食べてみる。つぶがこわれたらよい。
・米：とち＝2：1（重量比）

アク抜きは失敗しないが、香りのよい栃餅をつくりたいと思っている。（話）

アク抜きの事例②
たらし灰汁法

場所：三重県尾鷲市賀田
年齢：70歳代女性
聞き取日：2016年5月6日

・親が餅屋をしていたことから、定年を過ぎたころから始めた。
・賀田地区には、栃餅が作れる人が10名ほどいる。ほとんど80歳くらい。
・賀田地区には、300本ほどのトチノキがある。直径3mのものあり。
・実は賀田地区で拾う。

実を拾う
↓
水につける……虫出し
↓ 2～3日
実を熱いお湯につける
↓ 30分～1時間
皮をむく
↓
スライスする
↓
乾燥
・水さらしせずにそのまま乾燥する
↓
保存

灰汁の取り方

布を敷いたザルに灰を入れ、60℃程度の湯をかける

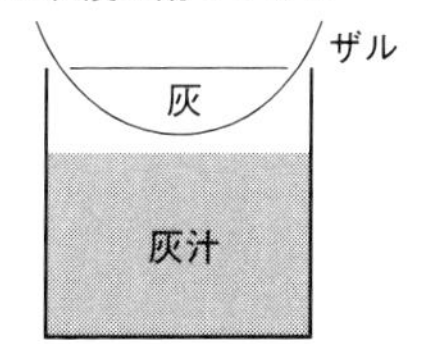

・灰汁をなめるとピリピリする方がよい。
・灰汁に苦みがある方がよい。
・ヒノキを入れる方が色がよい。
・雑木ばかりだとどす黒くなる。

保存しておいた実
↓
灰汁につける（1回目）
・乾燥した実をそのままつける。
・ぬるい温度の灰汁を使う。
・熱いものはつかわない。
・ゆっくりとふやかす。
↓
水さらし
↓ 1日程度（やりすぎない）
灰汁につける（2回目）
・新しい灰で灰汁をとる。
・キンキンにして使う。
・灰汁の中にしばらく置いておいてもよい。
・保存する場合は、灰汁につけたまま冷凍保存する。
・2回目の灰合わせがぬるいと粒が残る。
・残った粒は苦くない。
・2回目の灰汁をとっておき、米をつける。
↓
そのまま米と一緒に搗く

灰合わせをしたものを洗い、蒸して粉状にして乾燥する場合もある。

この地域では、実をスライスして使う

アク抜きの事例③
たらし灰汁法

場所：新潟県新潟市西区
年齢：60 ～ 70 歳代女性
聞き取日：2016 年 11 月 2 日

- 灰はナラの木ばかり使う。
- 薪ストーブの灰を使う。
- ナラの木は山を持っている人から買う。
- 井戸水を使う。
- 朝日（新潟市秋葉区）の山からとってきて実を売る人がいる。
- 農家の女性が栃餅を作る。
- 手間がかかる。
- 実にはなり年がある。去年はなったが、今年はならない。
- 朝市で、栃餅はよく売れる。

実を購入（生）

近くの山（おそらく高根の山）で採れる。売る人があるので、その人から買う。

乾燥させる

むくときに水につける

その年の物を使う時もあり、前のを使うときもある。2～3年は大丈夫。古くなると香りがない。

皮をむく

水にさらす

2～3日

鍋に入れて煮る

トチノキにもよるが、2～3時間煮る

入れ物に一旦実をあけて、湯を捨てる

また湯を入れ、灰と合わせる

- 灰の量はトチノキによる
- 灰を入れてかき混ぜる
- 水は多めに入れる
- 黄色いくらいがよい
- 桶に入れて2～3日そのままにしておく
- 灰合わせは、実が堅いうちに行う

アク抜きの事例④
からみ灰汁・たらし灰汁折衷法

場所：長野県下伊那郡天龍村平岡駅
年齢：70 歳代女性
聞き取日：2016 年2月 20 日

- 新栃は黄色い。乾燥させたものの方がよい。
- 栃の実はシカが食べる。
- 栃材の火鉢がある。他にも衝立（ついたて）がある。

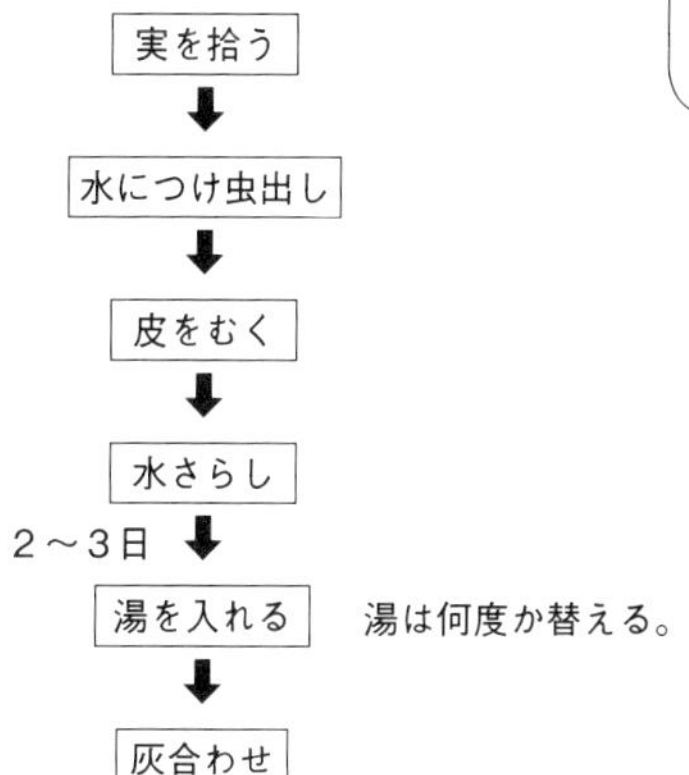

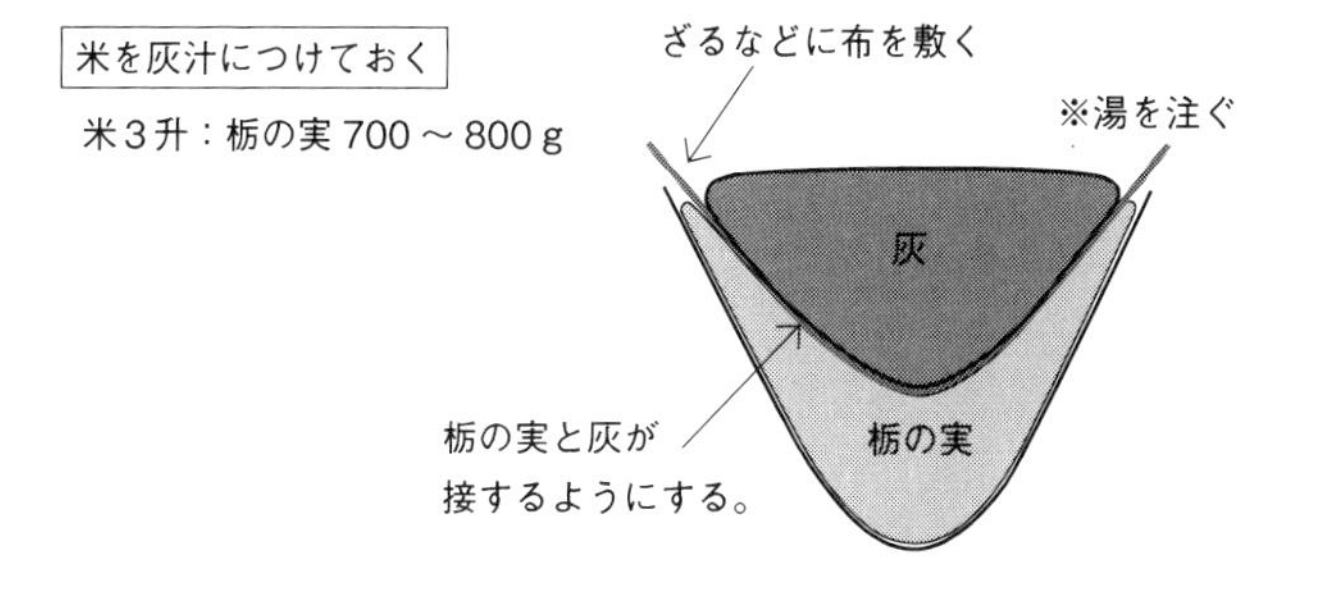

灰合わせは一様ではないが、うまくアクの抜けた実は中まで均一の淡茶褐色となり、中心部分に黄色が残るようだと、十分反応が及ばなかった証拠である（口絵参照）。

食べてみると、その違いは歴然とする。少しかじってみると、舌がピリピリするが、苦味はない。うまくアク抜きできていないものは苦味が強い。しっかりとアルカリのきいた実はピリピリするが、餅に搗くとそれは消える。あれほどの刺激はどこにいったのかと思うが、実に不思議な食べ物である。

(9) 餅搗き

民俗学で、食べ物には「ハレ」と「ケ」があるとする。祭りや祝い事の食事が「ハレ」で、日常の食が「ケ」である。そして、記念日や祝い事など「ハレの日」によく作られるのが餅である。中でも正月前にはよく搗かれ、今もその風習が各地に残り、この時、栃の実を利用する地域では、いく臼かは栃餅を搗く。中部地方や山陰地方では、正月に「栃餅雑煮」が振る舞われる地域がある。一方、寒の時期にもよく餅が搗かれ、栃餅も作られた。特に寒の餅はあられやかき餅にされ、子どもたちの楽しみの一つでもあった。

さて、寒の餅には科学的な根拠がある。昔、清水幸太郎さんのお宅に寄せていただいた時、寒の水で搗いたかき餅とそうでない時期に搗いたかき餅を見せてもらったことがある。その時見たかき餅には明らかな違いがあった。寒の頃に搗いた餅はまったくひび割れのないかき餅だったが、そうでない時のかき餅はヒビだらけで細かく砕けていた。1年で最も寒い寒の水は雑菌が少なく、腐敗することがない。これは餅に限ったことではなく、滋賀県高島市畑（はた）の畑漬けは、寒の水で漬物を作る。腐ることなく、長期間保存できる。

清水さんの家の神棚には常に寒の水が供えてあり、夏場病気になった時、この水で薬を飲むという。冷蔵庫もなく、衛生的な保存がしにくい時代、寒の水は腐敗することがなかった。また、昔から「夏には栃餅は作らない」と言われるが、栃の実の水さらしは水温が高いと腐敗しやすいことは先にも書いた。寒の水だと、時間をかけて水さらしができ、十分なアク抜きができることから、おいしい栃餅つくりができる。

餅搗きにつきものなのが臼だが、米原市甲津原の祭りでは、雪の上に出されたたトチノキの臼で餅を搗く神事がある。「栃餅を栃臼で搗く」、なんとも贅沢（ぜいたく）な組み合わせだ。巨木になることから、トチノキの臼は各地に多いが、朽木でも昔はトチノキの臼を使っていたと聞いた。

⑽ 粉にする「コザワシ」

「栃の粉は雪より白い……」。これは、栃の実のコザワシを作る地域に伝わる言い伝えである。栃の実利用の方法には、灰と合わせてアクを抜き、アク抜きした実と糯米（もちごめ）を一緒に搗いて栃餅をつくる場合と、栃の粉を混ぜて作る場合がある。この粉は、実を砕き水でさらして粉にする、「コザワシ」という方法である。

コザワシは、大量の水が必要となることから、なかなかこのような作業のできる環境がなく、未だ雪より白い粉は作れないでいる。そこで、少しコザワシとは異なるが、「たらし灰汁」でアク抜きした実を砕いて粉にし、その粉を水でさらして栃粉を作った。

できたものは、ほとんど苦味はなくそのままで食べられる。むしろ、デンプンに近いと言った方がいいかもしれない。色を見なければ栃の実の特徴はどこにもない。これを使い、栃粥と寒天で固めて栃羊羹を作ってみた。

「夏場や食欲のない時でも栃粥なら食べられた」といわれるが、少し塩を利かせた栃粥は小さい子供にもまずまずの評判だった。そもそも、栃の実は嗜好品ではなく、すべての人に受け入れられる必要がある。もちろん、食べ物が少ない時代には贅沢は言えないが、幼児や病人にも食べられることが必須だ。

今、私たちは「栃餅は少々苦味がある方が栃らしい」と言ったりするが、昔の人は、とにかく栃の実が食べられるよう奮闘したはずである。栃粉を作り、雑穀や豆、イモと混ぜて増量した食事は胃袋を満たした。もちろん栃粉を練って団子にしたり、そのまま粥にしたりして食べたという。毎日栃の実を食べるためには、少し多めに作っておいた栃粉を食事ごとに使い、食べたということなのだろう。

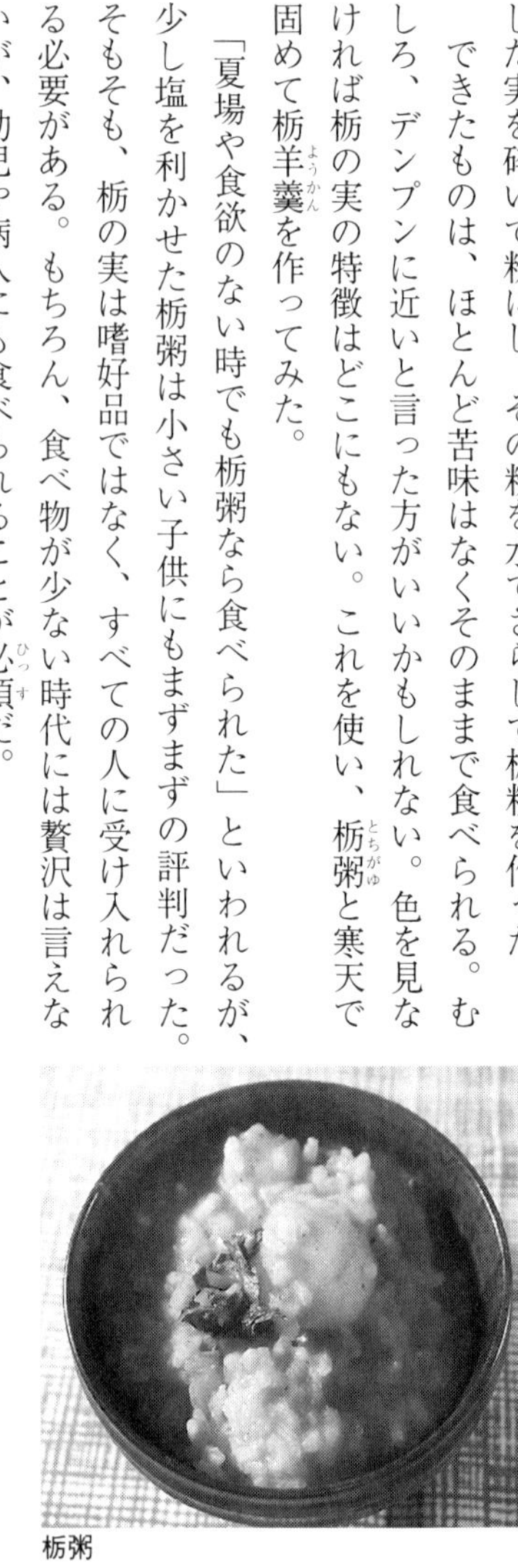

栃粥

４．材の利用

(1) 栃材のさまざまな利用

トチノキは、昔からさまざまな生活用具の製作に使われてきた。各地の弥生遺跡からトチノキの木製品が出土している。滋賀県の琵琶湖周辺に見られる湖底遺跡の赤野井湾遺跡でも、多くの栃の実の殻とともに栃材で作られた椀が出土している。

生活道具の製作のすべてを自然物に頼ってきた時代には、それらの製作にあたり、身近にあり、しかも入手しやすい木を、使う用途に合わせて利用してきた。トチノキは主に椀、鉢、盆、杓子などの制作に使われることが多かった。また、近代になってからは、板目に美しい模様が現れることがあることと、大きな板が得られることなどから、みがき床板、ちがい棚、衝立、天井板、床柱、家具の飾り部分（模様が見える部分）に利用されている。さらに、門扉、裁板、仏像、置物、すずり箱、重箱、火鉢、臼、碁盤、餅とり板、楽器、象嵌、紡績用木管（糸を巻き取るための管）にと、用途の幅は広い。

ある時、福井県勝山市から白峰方面に車を走らせていたら、「栃神谷」という案内表示が目に入った。少々気になり車を止めて調べてみると、神社に大きなトチノキがあり、たくさんの実が落ちていた。県境を越えると白峰で、このあたりは昔から栃の実利用の盛んな地域であるが、栃神谷周辺には自生はなく、植えたもののようだ。地域の人に話をしてみても、特に栃の実を食べる習慣もな

盆

こね鉢

座敷机

衝立

いという。ただ、昔台風で折れた大きな枝を地域の製材所に持ち込み、まな板に加工し、集落の各家に配ったという話を聞いた。なかなか粋な使い方で感心した。

さて、滋賀県高島郡今津町（現、高島市）に生まれた民俗学者、橋本鉄男氏（1996年没）は、その著書『ろくろ』（法政大学出版会）の中で、轆轤（ろくろ）による挽（ひ）き物（もの）（木材を回転させて刃物で削り出した木器など）に使われていた用材を、青森県から沖縄県まで地域別に表にまとめている。

記録のはっきりしている明治の資料を中心に、一部江戸時代の記録を用いてまとめられたものだそうだが、表中から樹種別に数え出してみると、1番出現数の多いのがケヤキで、2番目にトチノキとなった。栃の材は、辺材は白く心材は赤ないし緑を帯び、緻密で柔らかいことなどから加工がしやすいとされる。木地師が盛んにトチノキを利用したことはよく知られるが、明治時代に入り手回し轆轤が水力による動力轆轤に変わると、大量生産が可能となり、東北などを中心に椀や盆の生産が盛んになっていった。さらに、高度経済成長期にはいると、贈答用に多くの漆器や盆が作られた。家の物置に眠る古い盆の中に、トチノキで作られたものがあるかもしれない。

朽木には「木地山」の地名が残るように、木地師の里として知られる。惟喬親王を祖として信仰した木地屋集団は、全国をトチノキを求めて流浪した漂泊の民である。木地屋集団の流れをくむ人々は、江戸時代には朽木でも多く活躍し、朽木の殿様が江戸へ出府するとき、将軍や幕府の役人、諸大名への贈り物として持って行ったとされる菊盆に、トチノキも使われた。塗りが施されたものは直接材質をみることはできないが、日常用として塗りの施されていないトチノキの盆や鉢はよく使われていた。

トチノキのことでお話をお聞きしようと、高島市朽木古屋の榎本さんのお宅にお邪魔した時の話である。「お客さんにこんな古い盆でお茶

樹種	出現回数（回）
ケヤキ	45
トチノキ	40
ブナ	28
ミズメ	28
クリ	20
サクラ	18
ホオノキ	16
ハリギリ	14
ハンノキ	12
エンジュ	11

「ろくろ挽き物用材地域別一覧」における樹種別出現回数
（橋本鉄男『ろくろ』掲載の表をもとに作成）

を出すのは失礼かもしれんけど、青木さんに見てもらおうと思って……」と差し出されたお茶は、塗りの施されていないトチノキで作られた盆にのせられていた。煤けて変色もしているが、使い込まれた素朴な趣が感じられ、囲炉裏端でいただくお茶も味わい深いものとなった。

今ではすべてプラスチックやステンレスなどに変わってしまった鉢やボールも、かつて、その多くはトチノキで作られた。宮前坊の宮本さんの家のこね鉢は、塗りは剝げてはいるものの、今も正月前には餅作りに使う現役の鉢である。軽くて適度に水をすってくれることなどから使い勝手もよく、餅づくりには最適だと言う。さらに、朽木に伝わる片口は、注ぎ口に段差のある、独特の形をしている。大きなものは高さ30㎝ほどあるが、材はトチノキとされる。

(2) トチノキを求めて

昭和30年代、伊吹山の北、姉川の上流にある滋賀県坂田郡伊吹村（現、米原市）甲津原地区にもト

木地の盆

チノキの巨木を求めて、木挽きの人たちがやってきた。集落内に家を借りて寝泊まりしながら、トチノキを探して山に入った。伐ったものをその場で板に挽き、山から背負って担ぎ出していった。座敷机や挽き物の材料として販売されていったようだ。戦争が終わり、人々の暮らしが豊かになるなかで、山の木に新たな需要が生み出された頃の話である。

当時、トチノキが売れるなど誰も思わなかった。戦後の拡大造林が始まる前で、里山に用材となるような巨木はなく、お金になる木は他にはなかった。そんな中、隣近所でトチノキが売れた話を見聞きするうちに、手放そうとする人も増え、伐採が広がった。当時の値打ちからしても、特に利用価値のない木が売れるとあって、そう躊躇なく手放した人も多くいたという。当時のことを知る人は今も健在だが、昔は谷に立派なトチノキがたくさんあったという。今から思うと売らなかったらよかったと話す古老もあるが、昭和30年代というのは、時代がどんどん変わっていくそんな時代だったのだろう。

『伊吹町史』の中に、トチノキに関する言い伝えが残る。「トチノキは神が宿る木なので昔から伐採を禁じた」とあり、また、３月９日の山の神の祭りが終わり、カンコ掛けが始まると、又木になるトチノキの枝を炭焼きの場所取りの印としたり、家の門口に立てかけたりしたことが記されている。神の木と呼ばれ、大切に扱われてきた。

トチノキが残るにはそれなりに理由がある。実を食料として利用したこともその一つである。今も栃餅つくりなど、栃の実利用の伝承があることから、昭和30年代でも多少の利用があったと考えられるが、食料事情も大きく変わり始めた時期である。もし、この時、栃の実への依存が大きければ、村人の多くの人が伐採をためらったかもしれない。

栃餅作りの風習はいったん廃れるが、地域おこしの一環として、今、交流センターで大豆餡（あん）の入った栃餅としてよみがえる。甲津原漬物加工部の人たちが地域活性化に向けて活動する中、年配者が中心となり復活させたものである。大豆餡の栃餅は他ではあまり見かけないが、優しい甘みが栃の苦味とほどよく調和し、とてもおいしい餅である。

昔、糯米（もちごめ）が貴重な時代は、糯米と粳米（うるちまい）を混ぜたものに、栃の実を入れ蒸したのし餅を作ったという。糯米に粳米を混ぜて作る餅を「こわ餅」と言い、私も子供の頃は、いく臼か搗かれる中の1臼や2臼はこわ餅だった。粘り気の少ない餅で、子どもにはむしろ食べやすかったのを覚えている。こわ餅に栃の実が入った餅を、この地域では「とちもちこわめし」と言い、普段食べる餅のほとんどはこの餅だったそうだ。今、甲津原にはほとんどトチノキはない。交流センターの前の川沿いにトチノキが生育するがまだまだ若い。

ある時、谷にトチノキが生育していた当時の名残がないかと思い、鳥越峠（とりごえ）に向かって林道を歩いてみた。谷沿いに造られた道はスギの植林が目立ち自然林は少ない。わずかに伐り残されたトチノキが育ち始めているが、当時を物語る巨木はない。

かつて、甲津原にトチノキの巨木があったことは、古老の話からも知ることができるが、伝承館に展示されている臼は、まぎれもなくトチノキの巨木である。臼の直径はおよそ90㎝、削った分を考えると、1ｍは優に超えそうだ。臼にはよくケヤキが使われるが、これだけの大臼となると、トチノキが使われることもある。滋賀県の湖北地方に受け継がれる、集落で搗いた大きな鏡餅などを神前に供える年頭行事「オコナイ」で使われた臼で、とびっきり大きなものだったのだろうが、この地域にトチノキの巨木があったことを物語る。

話を先の伐採に戻すと、神の宿る木で伐採が禁じられていたほどのトチノキがいとも簡単に伐採されていったのはどうしてなのだろうか。少し、想像をたくましくして考えてみた。

甲津原は、今は米原の中心から車で30分ほどである。スキー場開発によるスキー客の増加にともない、道が整備され冬場でも完璧な除雪で便利になった。しかし、かつて甲津原は、一つ下流の曲谷との交流もままならないくらいの僻遠の地であった。むしろ、美濃側との交流が主流で、冬場はほぼ孤立状態となり、陸の孤島と呼ばれるような地域であったという。ほとんど、自給自足による暮らしぶりが続いてきた。

トチノキの臼（甲津畑の資料館の展示写真より）

私が初めて甲津原に行ったのも、スキーが目的であった。雪質、量とも県内の他のスキー場をはるかに凌ぐ。ただ、スキー場への道はかなり遠く、ゆるやかな道をひたすら登る。2つのトンネルを抜けてもまだスキー場は見えてこない。それまで次々に通り過ぎていった集落も曲谷を過ぎると次の集落がなかなか見えてこない。道は立派だが、周囲の山々は随分と高く、山峡の地を目指すことを覚悟する。すると、登り切ったところで急にあたりが開けた。棚田が広がり集落が見えた。奥山に来たとは微塵（みじん）も感じさせない風景だ。「長野県の桃源郷」とも言われる遠山郷（とおやまごう）（飯田市）にも似た風景だ。周りは山に取り囲まれるが、斜面は比較的なだらかで、底の浅いボールのような地形だ。かつて山間地の暮らしを支えた焼き畑の利用に適した地形のようだ。

米が貴重だった時代は、少ない米に山野草から芋、豆などさまざまな物を増量材として入れて食べた。そんな時代に、栃の実が長く食べ続けられてきた。結果、トチノキなどが残ったところは多い。

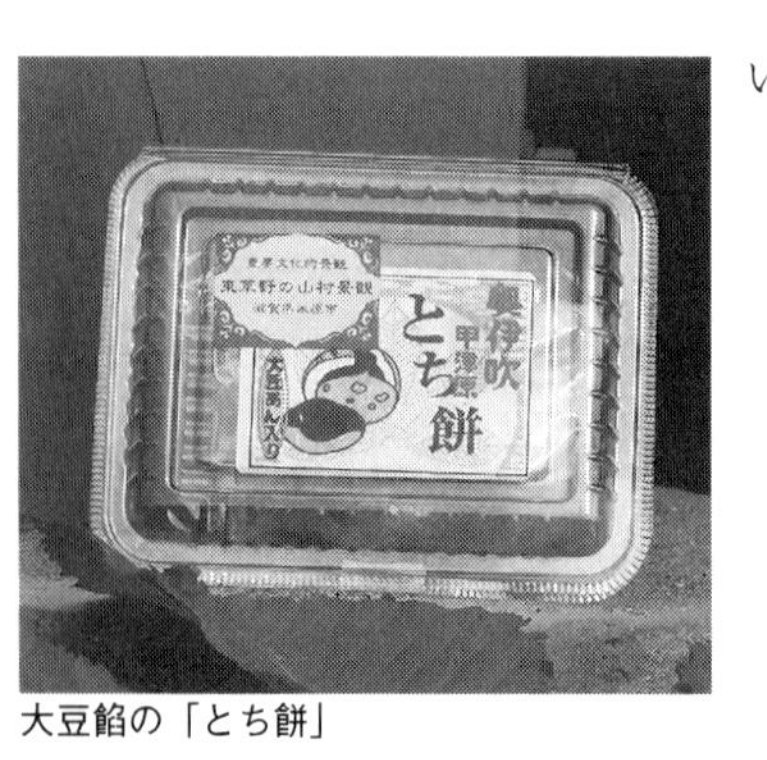

大豆餡の「とち餅」

ところが、甲津原がトチノキに依存することなく、厳しい飢饉などを乗り越えてこられたのは、雑穀などの栽培が盛んで、むしろ、水田に依存する地域よりも食べ物には恵まれていたのかもしれない。アク抜きなどに手間のかかる栃の実より食べやすいものが手に入る環境が、むしろトチノキへの依存を減らしたのかもしれない。他にも、雑穀利用が盛んだった地域にはこのような所が多いように思われる。

今、加工センターで作られる栃餅は、地元で拾った実が使われるが、地域を訪れる観光客にも人気の商品となっている。

(3) 木材としての栃

トチノキは、構造材としては不向きだと言われる。木は大きいが柔らかくケヤキ以上に縮みやすく、しかも湿気を持つと腐るのも早い。昔、朽木が朽木村と呼ばれていた頃、村中の辻に空洞となった栃の丸太を鉢がわりとして、そこにトチノキの苗を植えて置かれたことがある。なかなか風情があってよかったが、数年すると鉢が腐り、すべて取り除かれた。利賀の大栃も、伐採されて10年余り経った頃に見に行ったが、株の位置もわからないほど朽ちていた。

小岩島谷の朽ちたトチノキの株

昭和40～50年代に伐採されたアシウスギの伐り株が山のあちこちに残るのと比べると、トチノキの腐植は非常に速い。

最近、住宅の内装材として栃材が使われることがある。薄くはいだ板を下地材に貼りつけ、表面を樹脂で加工したものが、フロア材や腰板として商品化されている。加工のしやすさに加え、材が白く着色の効果が大きいことも利用の広がりにつながるようだ。トチノキ伐採の背景には、「ケヤキなどの広葉樹が少なくなったこと」、「加工の技術が進歩したこと」など、材を利用する現場の状況も大きくかかわる。

また、栃材を特徴つけるものに杢（もく）があり、時にはその模様が小さな波状であったり、班紋状であったりする。ちぢみ杢、波杢、

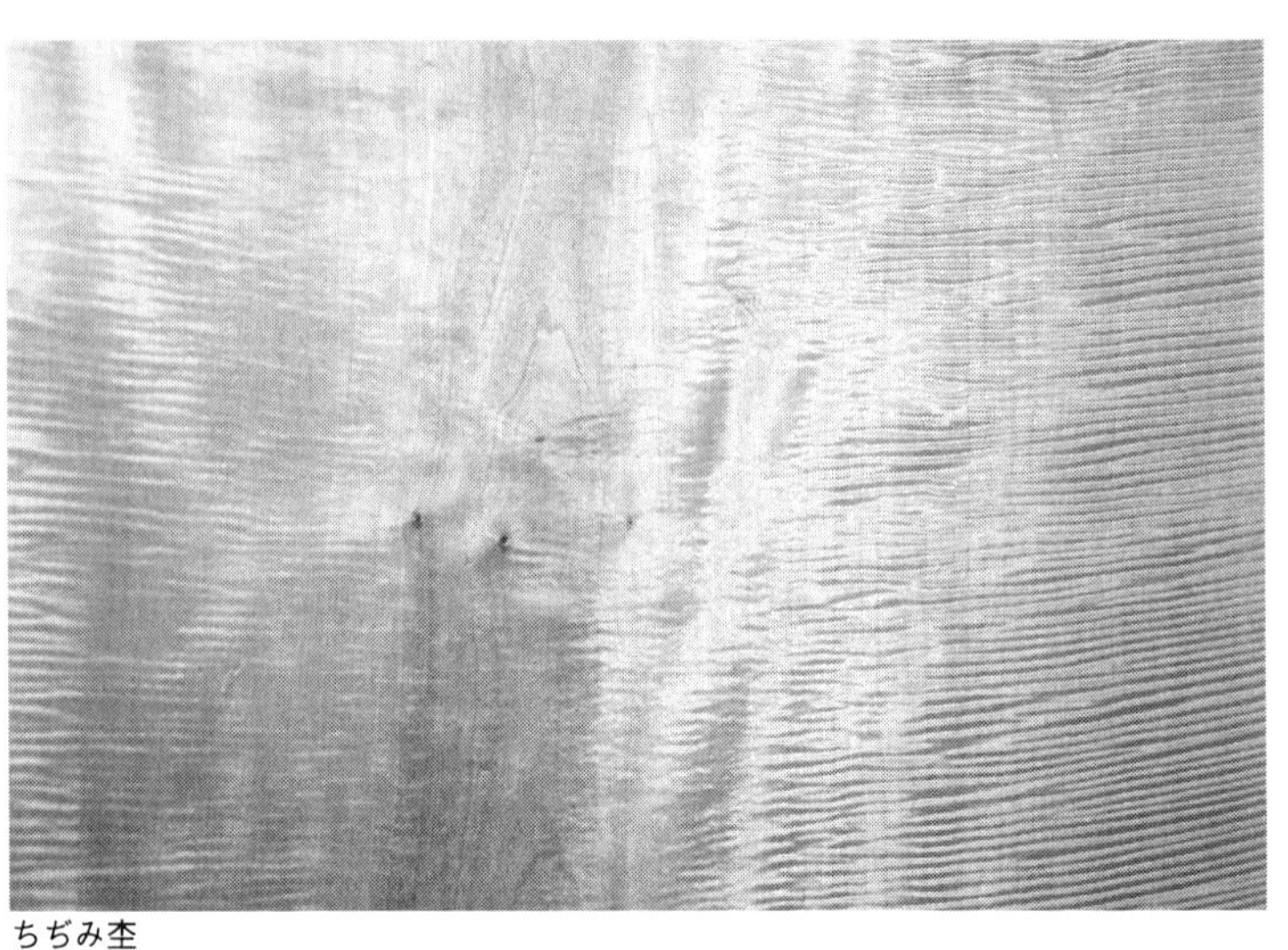
ちぢみ杢

斑杢（たま）などと呼ばれ、美しい杢を利用して家具が作られる。ただ、杢は若い木には見られず、樹齢数百年を経たような巨木で、しかも、根曲がりした根元部分や、コブとなった幹によく見られる。その中でも、3㎝に10個ほどの割合で細かい模様のあるものが「トチチジミ」と言われ、特に高級品とされる。

以前、木材市場に並べられていた中に、細かなちぢみ杢が板一面に見られるものが展示されていた。幅1mを超す大きな一枚板で、価格を聞いてびっくりした。戦後の経済成長期には、立派な杢の見られる栃材で盛んに家具が作られた。その後、住宅事情が変化し大きくて重い家具が敬遠されるようになると、いつしか店の片隅に追いやられ一線からは退く。

ある時、「家にトチノキの家具があるけど、見てみないか」と誘いを受けおじゃましたことがある。座敷には、トチノキの一枚板でつくられた大きな座敷机とちぢみ杢が美しい茶箪笥が置かれていた。さらに、奥から出してこられた銘々皿にも、すばらしい杢が浮き出ていた。

5．その他の利用

(1) 栃の実漬け

栃の実１kg、氷砂糖５００~８００g、35度の焼酎１・８ℓを用意する。栃の実はタンニンなどの苦味物質があるので水にさらして十分苦味を抜いてから使い、２~３か月漬け込み熟成させる。風味は弱く、梅酒、蜜柑酒とのカクテルとして使用するそうだが、薬効は血液浄化とされる。岐阜県飛騨地方や九州宮崎県高千穂に伝わる実の利用だが、滋賀県では聞いたことがない。

また、北海道南部などトチノキは自生するが、特に食べる習慣がない地域では、もっぱら打ち身に処方する湿布薬や切り傷などの外用薬として栃の実浸けを用いたと、函館近郊の亀田郡七飯町で聞いた。七飯町には、北海道で一番のトチノキ巨木（「七飯の大トチノキ」）があり、周辺はミズナラ、ハルニレが自生するこんもりとした森となっている。トチノキ自生地の南限と北限近い地域で聞いた、栃の実利用の方法である。

(2) 染色

石川県白峰で見たのれんはトチノキで染めたものだった。トチノキの葉や樹皮、梨皮などを使って染めるが、中でも樹皮にはタンニンが多く含まれ、媒染剤（繊維に染料を固着させる物質）に灰やミョウバンを使うと茶色となり、鉄を使うと黒っぽい色となる。媒染を変えながら染めると茶系色のグラデーションができる。葉は大きく大量に拾えることと、町中の街路樹でも集められるなど、草木染の材料としても最適である。

なお、重ね染をすることで堅牢度は増し、洗剤で洗っても色落ちしない。ハンカチ、バンダナ、布袋など、トチノキ観察会などの体験メニューに使われることもある。とはいえ、全国的にトチノキでの染色の記録は少ない。

また、皮の鞣しへの利用もある。

栃染のエプロン

(3) 遊び

トチノキによる遊びはそれほど多くない。その中で、栃笛は栃の実を使った遊びの一つで、滋賀県内にも伝承がある。滋賀県東近江市杠葉尾の光林寺境内にトチノキの巨木が1本ある。真っすぐに伸びた姿のいい木で、今もよく実をつける。

集落周辺には特にトチノキの自生地はなく、実を食べる習慣もないが、地域のお年寄りの話では、子どもの頃、実の中身をくりぬき笛を作って遊んだことがあるという。

滋賀県東近江市杠葉尾・光林寺境内のトチノキ

岐阜県木祖村は周辺にはトチノキがたくさん自生する。また、40歳代の男性だったが、ここでも実で笛を作って遊んだ経験があると聞いた。きちんとした調査はしていないが、遊ぶおもちゃは、常に自然物であった時代、ドングリ、ツバキ、カヤ、シジミとなんでも笛にした。栃の実が手に入る地域ではこれで笛を作るのは、普通なことのようだ。木の実の種類を変えるとさまざまな音が楽しめるが、栃の実は大きいことからドングリに比べると低い音がする。また、くりぬいた実に糸をつけ振り回して音を出す、いわゆる「ヒョウヒョウ笛」という遊びもあった。

遠くイギリスでは、糸にマロニエの実を通し、互いにぶつけ合いながら相手の実を割る遊びがあるらしい。いずれにしても、木の実の利用は万国共通で、子どもたちの格好の遊び道具だったのだろう。

栃の実の水さらしのところでも述べたが、栃の実にはサポニンが含まれよく泡立つ。サイカチ、ムクロジ、エゴノキなどでも行われるが、シャボン玉遊びは栃の実でもよくやったそうだ（山形県）。実ではないが、栃の葉柄（ようへい）を投げ矢のようにして遊んだり、殻（梨皮）を眼鏡に見立てて遊んだこともあったそうだ（秋田県）。

第5章

トチノキが暮らし・文化・自然を伝える

1. トチノキにまつわるさまざまな言い伝え

(1)「栃の実だんご」

全国には、トチノキにまつわる言い伝えや伝承が数多く残る。多くは、飢饉などで食べるものがない時、トチノキが村人の命を救ってくれたというものだ。

今も多くのトチノキが自生する三重県尾鷲市賀田町には、次のような話が伝わる。

江戸時代の1706年（宝永3）10月から翌4年の6月にかけてはひどい冷害で、作物がほとんど収穫できずに食べる物がなくなった。その時、アワやヒエなどにまぜて飢えをしのいだのが栃の実だ。それ以来、炭焼のために雑木を伐ったり植林をしたりする時も、命を救ってくれたトチノキは伐らずに残しているという。賀田の山中には500本近いトチノキがあるというが、少々不自然な形で植林地の中に生育しているのは、そんな言い伝えがあったからである。

三重県尾鷲市賀田の山中に残るトチノキ

長野県にも飢饉にまつわる悲しい伝承がいろいろある。秋山郷（長野県下水内郡栄村）に残る「栃の実だんご」の話はこうである。

1783年（天明3）に浅間山が噴火し、火山灰が空を覆った。これによる冷害がもたらした天明の飢饉では、人も獣も鳥も、多くが飢えて死んだ。母親は、養いきれないわが子を川に投げ捨て、自分も川に身を投げた。

ある貧しい家があり、両親と幼い兄弟4人が暮らしていた。すっかりやせ衰えて「腹がへった」と嘆く子どもを前に、「いよいよその時が来た」と、亡くなった祖父が残してくれた栃の実を鍋に入れ、炊いて粉にし、12個の団子を作った。久しぶりの食べ物に小躍りする子供を見ながら、おいしい団子を父が待つ裏山で一緒に食べようと母は子供を誘う。裏山に行くと父親が佇み、その前には底が黒々とした穴があけられていた。

「今夜はだいぶひんやりと風が吹いている。ほぉら、穴に入ると、暖かいぞ」と、父親は子供二人に穴へ入るよう促す。喜んだ二人は穴に飛び込み、団子を一つずつ取り出して食べる。夢中で団子を食べる二人の周りに父親はクワで土を落とし始める。二人は柔らかな布団を掛けてもらっているようだと感じた。月が上り、すっかり埋められた穴の上には、力尽きた父と母が横たわっていた。

(2) 「子産の栃」

心温まる話もある。その一つ、中山道の奈良井宿（長野県塩尻市）と藪原宿（同県木曽郡木祖村）の間にあり、難所として知られた鳥居峠に残るトチノキにまつわる話を紹介しよう。

峠一大きなトチノキには大きな洞（ほら）があった。

ある年のこと、この木の洞の中に産まれて間もない赤ん坊が捨てられて泣いていた。ちょうどそこを村人が通りかかり、子宝に恵まれなかったことから、家に連れて帰って育てたところ、その家は栄えその子も幸福になった。

この話は村中に広がり、峠のトチノキの木の皮を煎（せん）じて飲めば、子供に恵まれると言い伝えられた。同時に、子供がいうことを聞かない時は元の洞に帰すという意味があることから、「子供が泣くと峠のトチノキへ捨ててくるぞ」と親に叱られたという話も残る。

今も峠には洞のあるトチノキが残り、「子産（こうみ）の栃」の看板が立つ。

長野県・鳥居峠の「子産の栃」

2. トチノキが残った理由（わけ）

何百年と木が生存し続けるにはそれぞれ何か理由がある。余りにも奥深くて人が近寄ることができないか、人知が及ばない僻遠の地でない限り、少なからず人の手が加わっているのが、今の木と森を取り巻く現状である。伐り残されたのには伐採圧をはねのける力が働いたということで、それは、木や森の特別な役割であったり、人々の思いであったりする。トチノキには、どんな特別な役割や、人々の思いがあったのだろうか。

トチノキは全国各地に自生し、材はさまざまな生活用具を作るために利用されてきた。滋賀県でも、弥生時代の遺跡として知られる守山市赤野井（あかのい）町の湖底遺跡、赤野井湾遺跡から木製品が出土し、さまざまな生活用具の材料として使われてきたことはすでに述べた。滋賀県高島市朽木では、当時木地師（きじし）が活躍し、轆轤（ろくろ）を挽き盆や鉢を作った。トチノキにはさまざまな利用圧があった。

一方、むやみやたらとトチノキを伐ることも禁じられてきた。長く朽木を治めていた朽木氏は、ブナ、ケヤキ、カツラ、カエデ、ミズキとともにトチノキを含めて「6種の木」を定め、木地師以外が勝手に伐ることを禁じた。高島市朽木古屋の梅本さんの家には、飢饉の時にトチノキを伐採し年貢のかわりにさせてほしいと願い出た時の嘆願書が残る。豊富にあったはずのトチノキだが、勝手には伐ることができなかった。紀州藩は、織豊（しょくほう）時代の乱伐で荒れた山の自然を取り戻すため、留（と）め木（ぎ）制度を設けトチノキの伐採を禁じた。先に述べた三重県尾鷲市賀田のトチノキ林で、樹齢数百

古屋村の嘆願書（滋賀県高島市朽木古屋　梅本家所蔵）

> 乍恐奉願口上書（おそれながらねがいたてまつるこうじょうしょ）
> 一、古屋村百姓共（ふるやむらひゃくしょうども）　近年不作相続（きんねんふさくあいつづき）　殊外困窮（ことのほかこんきゅう）
> 仕候（つかまつりそうろう）、依之（これにより）、御立木栃ノ木（おんたちきとちのき）御用（ごよう）ニ相立不申（あいたてもうさず）
> 其外残木之分（そのほかのこりぎのぶん）、御救（おすくい）ニ拝領（はいりょう）
> 仕候（つかまつりそうろう）　御未進之指合（ごみしんのさしあわ）セニ茂仕（もつかまつり）、何卒御上納（なにとぞごじょうのう）
> 仕度奉存候（つかまつりたくぞんじたてまつりそうろう）、奉願候通（ねがいたてまつりそうろうどおり）　被為仰付被下（おおせつけなされくだされ）
> 候得者（そうらんば）、難有奉存候（ありがたくぞんじたてまつりそうろう）　以上
> 一七四三年
> 寛保三年　亥十一月廿九日
> 年寄（としより）　治兵衛（じべい）
> 肝煎（きもいり）　孫右衛門（まごえもん）

年の巨木が今も残る。このように、トチノキは利用する一方で、勝手な伐採は厳重に禁じられてきた。

さらに、福井県敦賀（つるが）市杉箸（すぎはし）の山の神神社の背後には、たくさんのトチノキが生い茂る。神聖な宮の森で、集落を雪崩から守る雪崩防止林として、伐採されることはなかった。富山県五箇山にも、「雪もち林」と呼ばれる森がある。いわゆる雪崩防止林で、ブナなどとともに谷筋ではトチノキ林が雪崩を受け止める。

富山県魚津市で見た雪崩防止林は、現在の土木工事を駆使して造られた雪崩防止柵との間にトチノキが伐採されずにそのまま利用されている。雪崩防止に対する、トチノキへの深い信頼が感じられて嬉しくなった。

雪深い滋賀県長浜市余呉町にも、廃村となった小原集落の背後の谷にトチノキ林があり、雪崩防止の役割に加え、栃の実を採取する禁伐の森があった。

トチノキには利用するという側面がある一方、伐採にさまざまな制約を設けて残そうとする側面もあった。そして、この制約がなくなる近代まで、山には多くのトチノキが残っていたことも確かである。

雪の中のトチノキ

最近、朽木でたくさんトチノキの巨木が見つかっているが、私たちは決して発見とは言わない。あくまでも再確認であり、どんなトチノキでも地域の人々がきちんと利用し、見守ってきたものばかりである。ある時、朽木雲洞谷の杉本孝子さんから、「20年前までは、毎年、栃の実拾いに出かけた。うちの山には5本大きなトチノキがあって、1本、梨みたいに大きな実をつけるのがあったけど、今もあるか」と、山の様子を尋ねられた。教えてもらった谷には確かにトチノキが5本生育していた。ただ、残念ながら大きな実をつける木は半壊状態で結実は見られなかったが、長年通ったトチノキのことを人々は忘れることはない。

北海道亀田郡七飯町に「七飯の大トチノキ」と呼ばれる、北海道一のトチノキがある。住宅地に近く周辺は宅地開発が進むが、トチノキが生育するあたりはこんもりとした森が残る。付近をよく見ると、フェンスに囲まれ、地域の水源地として取水設備が設けられていた。トチノキは水を好むことから、水辺に生育することも多く、水源とされた地域に生育していたトチノキが残されたという話はときどき聞く。

トチノキが残された理由はいろいろあるが、なによりも、トチノキが現在まで残った最大の理由は、栃の実の利用にある。今も、糯米に混ぜ栃餅として食べられる。弥生時代、日本列島に伝えられた米との相性はすこぶる良く、栃餅の作り方は今も昔もほとんど変わらない。しかし、栃の実はそれ以前から、すでに食料とされたことが知られている。

滋賀県大津市の粟津湖底遺跡の貝塚（粟津湖底遺跡第3貝塚）や守山市の赤野井湾遺跡からはたくさんの栃の実が見つかっているが、寒冷化していたこの時期、栃の実は大切な食料源であった。飢饉の時の非常食であり、食料事情の悪い地域では日常食であったことは先にも述べた。飢饉に備えて保存しておいた栃の実が人々の命を救ったことも先に述べた。また、その保存性が非常に高いことは、朽木雲洞谷の谷田さんの「古民家を解体した時、ツシから見つかった栃の実は、俵はぼろぼろだったが、皮をむき、灰汁抜きをしてから餅についたら、おいしく食べられた」という話からもわかる。

北海道亀田郡七飯町の「七飯の大トチノキ」

3. トチノキ伐採により懸念される問題

ここまで、長く続いてきた深く多様なトチノキと人々の暮らしとの関わりについて述べてきたが、現実には、過疎化が進行し、トチノキと人々との関わりを以前の姿に戻すことはきわめて難しい。トチノキの喪失により、昔から培われた、栃の実やトチノキを使った森林文化、生活文化の衰退・喪失につながるとも言うが、今の暮らしは、都市にしろ農村にしろ、自然を感じるには縁遠い状況にある。昔のように自然の恩恵を実感することが余りにも希薄となってしまった。さらに、生活の場としての森や木がなくなったり荒廃することで、地域住民のさらなる山離れが進むことにつながるとも言うが、そもそも暮らしと森との関わりが少なくなってしまったことが根本にある。

今、トチノキの伐採を問題視するのは、かつての地域の暮らしへの郷愁からだけではない。生育地に与える影響として懸念される問題をいくつかあげてみよう。

①巨木中心の伐採で、地域の母樹の喪失につながる。
②伐採地が上流部の急傾斜地であり、源流の崩壊をまねく恐れがある。
③ヘリコプターによる搬出は、伐採木だけでなく、周辺木の伐採をともない、森林生態系への影響も懸念される。

母樹の喪失は、今後のトチノキの再生に影響を及ぼし、それに続く渓畔林の衰退、ひいては森全体の生態系への影響も考えられる。高島市朽木生杉（おいすぎ）に「若走路（わかそじ）」という峠に通じる谷がある。若者が走って越えたなどとされるなだらかな谷で、この小さな谷の氾濫原（はんらんげん）に点々と若齢のトチノキが生育する。谷をたどると比較的大きなトチノキが1本あり、よく実をつける。この木が母樹となり、下流に広がる。トチノキは動物散布が基本だが、水散布でもあることがよくわかる。1本の母樹があるかぎり、トチノキの生存には道が拓ける。

また、谷筋に生えたトチノキを取り除けば、土壌流出が起こる。滋賀県の場合ほとんどの川は琵琶湖へと注ぐ。源流環境の変化は、いずれ、琵琶湖の環境の変化へとつながる。森と里と湖が一続きであるだけに、影響はストレートに下流へと現れることになる。

生物多様性からも懸念されることは多々ある。伐採され裸地化した森は、シカが食べないイワヒメワラビやコバノイシカグマなどの限られた植物による持続群落になってしまっている。林床が回復しない場所では乾燥化が進み、表土の流出も懸念される。

ただ、朽ちて倒壊しそうな木が放置されることも、伐採と同じような影響をもたらす。森林への影響を少なくし、シカが増えた中での植林対策の向上を目指しながら、枯れた木を取り除くなどしていくことも考える必要がある。

4. トチノキが持つ新たな価値を見出す

『湖国と文化』にトチノキの記事を連載中（2012〜2013）、また、新たな巨木が確認された。胸高周囲8ｍを越す巨木である。この時、近畿で確認されているものとしては、4番目の巨木で、樹齢は、500年以上と考えられる。トチノキが持つ寿命から考えると、8mを越す大きさは、全国的に見ても十分な存在感を持つ。

先日、白山のチブリ尾根でトチノキの調査をした。ここでは、トチノキだけでなく、カツラ、サワグルミ、ミズナラ、ブナなどすべてが巨木で、いわゆる原生林と呼ばれる森である。しかし、滋賀県高島市朽木のトチノキの生育地は、決して原生林ではなく、周辺の森の木はすべて若齢の木ばかりである。トチノキだけが、数百年、いや、それ以前から伐採されることなく、残されてきたものである。

朽木でも高度経済成長期には盛んに植林が推し進められ、トチノキが伐採されたことがある。「山ふさぎ」、「谷ふさぎ」と言われ、植林の邪魔になるなどの理由から、「巻き枯らし」の方法でわざと枯らしたことがあったことは先にも述べた。

トチノキ調査から1年半、調査したトチノキ巨木は300本近くになった。まだ、伐採されずに残っているトチノキに安堵するとともに、奇しくも伐採によってその価値を再認識し、トチノキの大切さ、すばらしさに気づくこととなった。「人々が残してきたことに対する思い」、そして、それらを「うまく利用してきた技」を知った。そして今、私たちには、時の流れとともに変化する新たな価値を見つけ、付加していくことが求められている。

私は、トチノキの伐採があって以来、時間ができると全国のトチノキの巨木や自生地をまわり、各地の状況を調べてきた。国指定のトチノキにも何度か訪れた。いつもそのすばらしさには感動し、地域の誇りとして大切にされている様子に触れる一方、少々忘れられた存在となっている状況も垣間見た。トチノキの声に耳を傾けるというのは、あまりにも感傷的な言い方になるが、巨木から見える価値の背後にある見えない価値に目を向ける必要があると感じてきた。

　トチノキに限らず、巨樹・巨木林にはさまざまな価値がある。先に述べた、トチノキが残った理由をそのまま裏返したものも大切な価値である。ただ、一方、新たな価値にも目を向ける必要がある。私たちはいくら世の中が近代化しても、生きていくには身の回りの人や自然が必要である。人と自然が持つ地域価値に、もっと目を向ける必要がある。何度も書いてきたが、長寿命な樹や森は、長く地域の自然や暮らしに関わり続け、暮らしや文化、人の価値観にも影響を与える。樹に刻まれたものは年輪だけではない。人々の思いも刻まれている。地域の価値を高め、広め、再認識するきっかけとなるような長寿命な樹との関わりを深めることはとても大切なことだと思っている。

　朽木西小学校はわずか数名の児童が在籍する僻地の学校である。この学校の運動場の片隅に、樹齢30年ほどのトチノキがある。子どもたちと先生は、地域の人に教わりながら、栃の実のアク抜きをする。秋には実を拾い、乾燥し冬まで保存する。それを寒の水にさらして、栃餅を作る。作った栃餅は感謝祭で地域の人に振る舞われる。今、山間地では高齢化が進み、地域の担い手がいない。そして、人々が長い時間をかけて営々と築いてきた生活文化が１つ２つと消えていく。たとえ、どんなに些細なことでも、一度消えたものを取り戻すのは、並大抵のことではない。

　朽木西小学校の取り組みは、子どもたちに生きる力を培う活動であることはもちろん、地域に光をともし続ける大切な活動である。トチノキは地域の自然環境を形作る重要な要素であるとともに、地域特有の生活文化を今に伝えるメッセンジャーでもある。

朽木西小学校のトチノキ

平良の大トチへの遠足

山間地域における少子高齢化は、地域の輝きを急激に薄れさせていく。しかも、その輝きは数百年、いやそれ以上の長い時間の中で、人と自然がともし続けた輝きである。無理することなく、無茶をすることなく、ゆっくりと時間をかけて築かれてきた、人と自然の協同作業である。

子供がもつあらゆる可能性の原点は、時間にある。ゆっくりと流れる時間の中で、子どもたちの可能性が醸成され引き出される。大人には、うらやましい限りだ。

運動場の片隅にあるトチノキは、すばらしい教材である。木登りできる遊び場であり、トチノキの花にやってくる生きものの観察は、科学の芽を養う。栃の実を拾って作る餅は、地域の人とつながりを深め生きる知恵を学ぶ。トチノキは少しずつ成長する。花を咲かせ、生き物を呼び、日陰を作り、実をつける。毎年、成長し変化しながら時を重ねる。変化し、成長し続ける子どもたちとは相性がいい。

エコツーリズムと呼ばれる旅行の形は、多様化、個別化する時代の中で、徐々に広がりつつある。このエコツーリズムには、地域の自然や生活文化の魅力や価値を見出し、その価値を守ることと旅行との融合により生まれた考え方だが、地域に暮らす人にとっては、自分探しであり、地域探しである。長寿命な樹は、エコツーリズムにはまさに、うってつけの素材である。

昔、朽木東小学校の教師をしていた時、平良の大トチまで遠足に行ったことがある。

今から思うと少々無謀な計画で、小学３年生の子供が歩けるような道はなかった。その後、どのようなことがあったか記憶にはないが、当時の朽木役場の職員の人たちが道作りをしてくださり、遠足は無事終了した。朽木いきものふれあいの里にいた時のトチノキ観察会では、当時３歳の女の子が地を這うようにして斜面をよじ登り、能家の大トチにたどり着いた。

「山の巨木に触れさせてあげたい」「巨木から何かを感じてほしい」。そんな思いだけだったが、険しい山道を歩く子どもの姿が今も思い出される。

能家の大トチを目指す小さな子供

参考文献・参考資料

第2章

青木繁「トチノキの里で考える」『湖国と文化』139～143号、財団法人滋賀県文化振興事業団（2012～2013年）
朝日新聞社編『週刊朝日百科　植物の世界3』（1994年）
泉治夫・内島宏和・林茂『とやま巨木探訪』桂書房（2005年）
「角川日本地名大辞典」編集委員会編『角川日本地名大辞典25　滋賀県』角川書店（1979年）
朽木村史編さん委員会編『朽木村史　通史編』高島市（2010年）
黒沢和義『山里の記憶1―山里の笑顔と味と技を記録した三十五の物語―』同時代社（2011年）
滋賀県教育委員会文化財保護課編『滋賀県の自然神信仰―滋賀県自然神信仰調査報告書（平成14年度～19年度）』滋賀県教育委員会（2007年）
滋賀県自然環境研究会編『滋賀県の自然』財団法人滋賀県自然保護財団（1979年）
谷口真吾・和田稜三『トチノキの自然史とトチノミの食文化』日本林業調査会（2007年）
種石悠『ものが語る歴史31　古代食料獲得の考古学』同成社（2014年）
鳥浜貝塚研究グループ編『鳥浜貝塚　縄文前期を主とする低湿地遺跡の調査1』福井県教育委員会（1979年）
日本樹木誌編集委員会編『日本樹木誌1』日本林業調査会（2009年）
農山漁村文化協会編『聞き書　ふるさと家庭料理　⑥だんご　ちまき』（2003年）
長谷村文化財専門委員会企画『南アルプスの村・長谷　巨木名木』長谷村教育委員会（発行年不明）
初島住彦『九州植物目録（鹿児島大学総合研究博物館研究報告　No.1）』鹿児島大学総合研究博物館（2004年）
兵庫県森林・林業技術センター編『有用落葉広葉樹の種子採取と育苗　ひょうごの豊かな森づくりのために』（発行

年不明）
福井県編『第2回自然環境保全基礎調査　特定植物群落調査報告書　福井県』（1979年）
平井信二『木の大百科　解説編／写真編』朝倉書店（1996年）
ひろしま・みんぞくの会編『広島県民俗資料〈7〉「むら」の社会と経済』（1974年）
堀田満ほか編『世界有用植物事典』平凡社（1989年）
宮誠而『日本一の巨木図鑑』文一総合出版（2013年）
余呉町史編纂委員会編『余呉町史』余呉町（1995年）
「利賀のトチノキ今冬伐採へ」「北日本新聞」1997年7月11日付

第3章

青木繁「安曇川流域のトチノキ等巨樹の現状と役割」『地域自然史と保全』関西自然保護機構（2012年）
阿知村誌編集委員会編『阿智村誌　上巻』阿智村誌刊行委員会（1984年）
泉治夫・内島宏和・林茂『とやま巨木探訪』桂書房（2005年）
宇奈月町史追録編纂委員会編『追録　宇奈月町史　文化編』宇奈月町役場（1989年）
環境庁『第4回自然環境保全基礎調査　巨樹・巨木林調査報告書』（1991年）
但馬夢テーブル委員会巨木百選マップづくりグループ編『但馬の巨木百選マップ』財団法人但馬ふるさとづくり協会（2003年）
椹川村誌編纂委員会編『大地と生物　木曽・椹川村誌　第1巻　自然編』椹川村（1993年）
日本の森製作委員会 編『日本の森ガイド50選―森の中の小さな旅―』山と渓谷社（2002年）
平野秀樹、巨樹・巨木を考える会編『森の巨人たち・巨木100選』講談社（2001年）
堀辰雄『風立ちぬ・美しい村』新潮文庫（1951年）

牧野和春『巨樹の民俗紀行　百樹の旅』恒文社（1988年）
三方町文化財審議委員会編『三方町の文化財　指定文化財第14集』（1993年）
林野庁　四国森林管理局『四国の保護林　生命あふれる森』（2013年）

第4章

宇奈月町史追録編纂委員会編『宇奈月町史　文化編』宇奈月町役場（1989年）
京都大学自然地理研究会編『滋賀県朽木の巨樹に関する文化・生態調査』（2011年）
黒沢和義『山里の記憶1―山里の笑顔と味と技を記録した三十五の物語―』同時代社（2011年）
白洲正子『木―なまえ・かたち・たくみ（住まい学大系）』星雲社（1987年）
辻稜三「わが国の山村における堅果類の加工に関する文化地理学的研究」『立命館文学』第510号（1989年）
徳山村教育委員会『徳山の山村生産用具　解説・目録編』（1987年）
富山県教育委員会編『高田所蔵有形民俗文化財調査票』（1970年）
長沢武『野外植物民俗事苑』ほおずき書籍（2012年）
農文協編『伝承写真館　日本の食文化7　東海　農山漁村文化協会（2006年）
萩原町教育委員会編『萩原文庫・第13集　萩原の名木を訪ねる』萩原町（1991年）
福井県編『第2回自然環境保全基礎調査　特定植物群落調査報告書　福井県』（1979年）
松山利夫『木の実』法政大学出版局（1982年）
みえ食文化研究会編『三重の味千彩万彩』みえ食文化研究会（2006年）
みえ食文化研究会、三重県健康福祉部健康づくり室編『美し国みえの食文化』三重県（2007年）
民俗学研究所編『総合日本民族語彙　第3巻』平凡社（1955年）
渡辺誠『縄文時代の植物食』雄山閣出版（1975年）

渡辺誠「水場研究の問題点」『月刊考古学ジャーナル』405号（1996年）

第5章

青木繁「安曇川流域のトチノキ等巨樹の現状と役割」『地域自然史と保全』関西自然保護機構（2012年）
川島尚宗「縄文時代・晩期における食品加工・消費の拡大」『Asian and African Studies XⅢ』（2009年）
木祖村教育委員会編『木曽の鳥居峠　木祖村文化財調査報告書第1集』（1973年）
滋賀県教育委員会・財団法人滋賀県文化財保護教会編『琵琶湖開発事業関連埋蔵文化財発掘調査報告書　粟津湖底遺跡第3貝塚』財団法人滋賀県文化財保護協会（1997年）
滋賀県教育委員会・財団法人滋賀県文化財保護協会編『平成20年度　六反田遺跡発掘調査報告書編（2009年）
寺島俊治『信州むかし語り6　食べ物の話』しなのき書房（2012年）

おわりに

今、私たちが目にする森は太古から変わらない森はほとんどない。常に人の手が加えられ、姿を変えてきた。ただ、人の手の加わり方は時代とともに大きく変わる。木地師(きじし)が器や鉢を作るためにトチノキやブナを伐り、さらに、古くは生活用具の多くを木で作った。巨木となるトチノキは臼や舟となった。ブナはよく萌芽(ほうが)することから炭にも焼かれた。

しかし、人が森や森の木を利用する時、どこか節度があり、搾取するだけではなかった。人はこれを、森や自然への畏敬(いけい)だという。想像しがたい森の力を感じてのことだと考える。「森とともに生きる」と表現されることもある。

今、私たちは森や木とどう向き合い、どのように対峙(たいじ)していけばいいのだろうか。精神論だけで語ることも無理がある。しかし、手つかずのままにしておくことにも無理がある。答えはなかなか見いだせない。

私は、40年間、今ある森を否定することも肯定することもなく見てきた。ただ、ひたすら森のたどった履歴を見つけたいと思って歩いてきた。「この森は、かつてどんな森で、いつ、だれが、どのようにかかわり、どのように変わったのか……」「そして、これからどうなるのか」と、常に自問自答し、謎解きをしながら歩いて来た。ただ、未だに謎は解けないでいる。一つの謎が解けるとその先に2つ3つの謎が見えてくる。ただ一つだけ、木や森・自然は決して人と相反する存在ではなく、人は森や自然の中にいるということだけは、はっきりと見える。

最後に、本書の執筆にあたり、資料提供ならびに煩わしい取材に応じていただいた滋賀県並びに各地の皆さん、進まない執筆を後押ししていただいた、びわ湖の森の生きもの研究会の皆さん、巨木と水源の里をまもる会のみなさん、サンライズ出版の方々にこの場をお借りしてお礼申し上げたい。なお、本書は季刊誌『湖国と文化』（公益財団法人びわ湖芸術文化財団発行）に掲載した、「栃の木の里で考える」をもとに、加筆、修正しながら書き進めたものである。本書への転用を了解していただいた、当時の編集長、植田耕司氏に感謝する。

■著者略歴

青木　繁（あおき　しげる）

1952年大津市生まれ
1976～1992年　滋賀県公立学校教員
1992～1998年　滋賀県立朽木いきものふれあの里指導主任
2008～2014年　滋賀県立朽木いきものふれあの里の指定管理者兼館長
2014～2019年　滋賀県いきもの調査専門員として滋賀県内の植物調査に携わる。
著書に、『フィールドガイド高島の植物（上）（下）』（サンライズ出版）、『分県登山ガイド24　滋賀県の山』（共著、山と渓谷社）など。

びわ湖の森の生き物７

トチノキは残った ―山里の恵みの自然史と暮らし―

2020年９月10日　初版１刷発行

著　者　青木　繁

発行者　岩根順子

発行所　サンライズ出版
〒522-0004　滋賀県彦根市鳥居本町655-1
TEL 0749-22-0627　FAX 0749-23-7720

印刷・製本　サンライズ出版

ISBN978-4-88325-698-3

びわ湖の森の生き物 シリーズ

日本最大の湖、琵琶湖をとりまく山野と河川には、大昔から人間の手が加わりながらも、人と野生動物とが共生する形で豊かな生態系が築かれてきました。当シリーズでは、水源として琵琶湖を育んできたこれらを「びわ湖の森」と名づけ、そこに生息する動植物の生態や彼らと人との関係を紹介していきます。

人家からそう遠くない場所に生きる彼らのことも、まだまだわからないことばかりです。生き物の謎解きに挑む各刊執筆者の調査・研究過程とともに、その驚きの生態や人々との興味深い関わりをお楽しみください。

1 空と森の王者 イヌワシとクマタカ
山﨑 亨

2 ドングリの木は なぜイモムシ、ケムシだらけなのか？
寺本憲之

3 川と湖の回遊魚ビワマスの謎を探る
藤岡康弘

4 森の賢者カモシカ ―鈴鹿山地の定点観察記―
名和 明

5 琵琶湖ハッタミミズ物語
渡辺弘之

6 泳ぐイノシシの時代 ―なぜ、イノシシは周辺の島に渡るのか？―
高橋春成